建筑工程防水堵漏创新技术

陈宏喜　陈森森　杜昕　主编

中国建材工业出版社

图书在版编目（CIP）数据

建筑工程防水堵漏创新技术 / 陈宏喜，陈森森，杜昕主编. — 北京：中国建材工业出版社，2022.7（2023.5 重印）
ISBN 978-7-5160-3518-4

Ⅰ．①建… Ⅱ．①陈… ②陈… ③杜… Ⅲ．①建筑防水—建筑施工 Ⅳ．①TU761.1

中国版本图书馆 CIP 数据核字(2022)第 100438 号

内 容 简 介

建筑防水堵漏是建设事业的重要环节之一。近十多年来，我国防水行业的科技人员在实践中不断创新，取得了巨大成绩。

为了总结十多年来我国防水堵漏行业的经验与创新成果，我们组织相关专家学者与奋战在第一线的科研人员和技术人员，编撰了《建筑工程防水堵漏创新技术》一书。全书共分 8 章与 3 个附录，简要介绍了防水设计新理念、新材料、新工法与检测新技术，以优质高效防水堵漏工程案例为同仁提供参考，启迪同行朝着低碳环保绿色发展的新路奋进。

建筑工程防水堵漏创新技术
Jianzhu Gongcheng Fangshui Dulou Chuangxin Jishu
陈宏喜　陈森森　杜昕　**主编**

出版发行：中国建材工业出版社
地　　址：北京市海淀区三里河路 11 号
邮　　编：100831
经　　销：全国各地新华书店
印　　刷：北京雁林吉兆印刷有限公司
开　　本：787mm×1092mm　1/16
印　　张：11.25
字　　数：270 千字
版　　次：2022 年 7 月第 1 版
印　　次：2023 年 5 月第 2 次
定　　价：99.80 元

本社网址：www.jccbs.com，微信公众号：zgjcgycbs
请选用正版图书，采购、销售盗版图书属违法行为

主 编 简 介

杜昕——中国防水行业的巾帼英模

杜昕

杜昕，1956 年 9 月出生于黑龙江，汉族，中共党员，本科学历，工程师，热爱化学建材与防水事业。1998 年自筹资金在北京创办“北京圣洁防水材料有限公司”，任董事长。

历经 10 余年的创新拼搏，圣洁防水公司发展成为集科研、生产、营销与施工服务于一体的现代化民营防水企业。圣洁防水公司现注册资金 2.53 亿元，具有一级防水施工资质，其 370 余名职工为防水事业奉献智慧与力量。

20 余年来，圣洁防水公司主要深化研发生产点牌 GFZ 聚乙烯丙纶卷材与卷材粘结剂，与此同时，探索 GFZ 卷材与胶粘剂复合防水工艺工法。到 2021 年，圣洁防水公司先后为我国 15 个省（市、区）近千项重大重点工程精工细作建立了“一防永逸”的防水屏障，获得国家嘉奖与用户青睐。圣洁防水公司所做的工程能让“开发商放心，建设方省心，老百姓舒心”，打造出点牌防水品牌。

杜昕积极组织科技人员参编《地下防水工程防水技术规范》（GB 50108—2021）、《屋面工程技术规范》（GB 50345—2012）、《地下防水工程质量验收规范》（GB 50208—2011）、《屋面工程质量验收规范》（GB 50207—2012）、《种植屋面工程技术规程》（JGJ 155—2013）等多项标准，并参编相关专业著作、工程预算定额，为推动我国防水保温防腐事业做出了大量有益贡献。

杜昕倾注了全部心血，奉献了全部智慧，从而使圣洁防水公司发展壮大。她为了产品的质量提升与工程质量的升华，不断刻苦学习，亲力亲为，吃苦在前，经常奋斗在第一线，与职工同吃同劳动。在公司兴旺发展的同时，与全体员工共享发展硕果，圆梦圣洁初心。

陈森森——奋进新征程、建功新时代的防水专家

陈森森

陈森森，1973 年 5 月出生于江苏省南京市，高分子材料专业毕业，高级工程师。从事隧道与桥梁堵漏加固工作 27 年。他不负韶华，为我国建筑防水事业做出贡献。他是“中科康泰”品牌创始人、现任公司董事长，西南交通大学客座教授，中国水利学会化学灌浆分会副理事长，中国硅酸盐学会防水专业委员会专家委员。主导的“车辆荷载下运营交通隧道渗漏水整治技术”荣获“2021 年中国交通运输协会科学技术奖二等奖”。

陈森森善于将所学专业理论知识与工程实践有效结合起来，开发了许多新材料，探索出许多施工新工艺和新工法，先后获得国家专利 31 项，发表专业技术论文 38 篇，另有计算机软件著作 20 项，并参编行业专著、规范、规程、标准及定额等 25 项。

陈森森指导施工，要求匠心作业，优质高效。他善于思考，不断除旧更新、勇闯新路，受到用户好评。本着理论指导实践、实践丰富与升华理论的原则，他开发的一些材料和创新的工艺工法有些达到了较高水平。

在新的历史时期，陈森森立志为防水事业做出更大更多的贡献，建功新时代。

陈宏喜——敢于担当，勇于创新的防水老兵

陈宏喜

陈宏喜，1938年5月出生于湖南祁东县，男，汉族，中共党员，高级化学建材工程师，原是湖南湘潭新型建材厂厂长，现为湖南省防水协会顾问，中国建筑学会建筑防水学术委员会委员。他在防水行业追梦近50年，是个敢于担当、勇于创新的防水老兵。

1957年湖南第一师范学校毕业，曾在湘潭市五中教书6年；1970年调入湘潭市建筑总公司，1985年当选为公司下属湘潭新材厂厂长。1991年借调省建筑科研院组建湖南建筑防水联合集团公司，出任副董事长兼常务副总经理；2006年被湖南神舟防水公司聘为总工，2013年退休回湘潭。

陈宏喜勤于学习，敢想敢干，敢于担当。1978年安源纪念馆屋面渗漏，他表态“搞不好，负政治责任与一切损失”；1986年珠海变电站水池严重渗漏，他说“一定根治渗漏，不让外国人插手，为社会主义制度争光”；湖北省军区洪山礼堂严重屋面渗漏，多家修缮失效，其与湖北建材设计院文清徽高工合作，采用新材料和新工法，组织工人10天完成治漏任务，蓄水7天无任何渗漏迹象，吸引200多名土建技术人员参观，大家拍手称好。

1975年，与他人合作发明防水防腐“塑料油膏”，1978—1979年获全国科学大会、省科学大会与行业部门奖励；1979—1983年，与湖南大学、河南建材研究院、北京建科院合作研发了冷用沥青胶粉油膏、彩色聚氨酯密封膏、水性丙烯酸密封胶、氯化聚乙烯卷材及人造花岗岩板材；1979—1985年，代表湖南省硅酸盐学会为5省6厂进行技术服务。协助他们生产塑料油膏、冷用PVC涂料、SEP卷材、SBS改性沥青卷材、多功能胶粘剂与EVA彩色防水涂料；1987年，与湖南省建材局合作，引进中华（香港）制漆公司喷塑涂料与内外墙乳胶漆，在国内率先开发新型防水装饰涂料；一共编写标书500多项，指导施工300多项，发表论文/技术总结70多篇，主编、参编部级、省级产品标准7项，主编防水保温防腐专业著作7部。

新的历史时期，陈宏喜朝着高性能高耐久高环保高可靠性的绿色堵漏方向，踏浪前行。

本书编委会

主 编 单 位：湖南省建筑防水协会
南京康泰建筑灌浆科技有限公司
北京圣洁防水材料有限公司

主　　　编：陈宏喜　陈森森　杜　昕

副主编单位：四川童燊防水工程有限公司
湖南禹果建筑科技有限公司
湖南美汇巢防水集团有限公司
湖南欣博建筑工程有限公司
南京地铁建设有限责任公司
中国水利水电第七工程局有限公司

副　主　编：易启洪　刘　欢　王　琳　唐东生　易　乐
孙　锐　成协钧　龚洪祥　徐　健

学 术 顾 问：沈春林

特 约 顾 问：赵灿辉　张道真　骆翔宇　王海龙　亓　帅
叶天洪

友好支持单位：北京辉腾科创防水有限公司
深圳大学建筑与城市规划学院
吉林省建筑防水协会
湘潭市建筑防水保温防腐协会
海南宏邦防水工程公司
郴州市开发区筑金高科技防水节能公司

编　　　委：陈修荣　张庆华　唐　灿　张　翔　张　肆
蔡　菱　聶　虎　邹常进　张开颜　杨　波
罗　春　张　帆　韩永祯　陈泽湘　王国湘
刘青松

特 约 作 者：刘天飞　王　军　李　康　文　忠　陈　登
王玉峰　王大义　吴兆圣　王　蕾　丁　力
周　攀　张克明　陈华煜　陈　禹　张一路
文　举

参 编 单 位：江苏苏博特新材料股份有限公司
广州天捷建设发展有限公司
上海先科桥梁隧道检测加固工程技术有限公司
广西象州天华科技防水材料有限公司
湖南衡阳盛唐高科防水工程公司
广东中山市三乡悟空防水工程部
湖北来凤鼎诚防水治漏工程有限公司
湖南中桥建筑劳务有限公司
湖南五彩石防水防腐工程技术有限公司
湖南湘潭泽源公路材料有限公司
湖南贵禾防水工程有限公司

序　言

改革开放以来，我国建筑防水材料与防水施工技术取得了长足的进步，已成为全世界防水大国，但整体防水技术与经济发达国家相比还有差距。

近十多年来，我国防水科技人员与专业防水施工人员，刻苦学习专业知识，积累成功经验，敢闯敢干，勇于创新，在保证原有防水工程的质量基础上，提升了防水产品的理化性能、耐久性能、绿色环保性能与节能减排性能，并探索出具有设计新理念的防水新构造、施工新工法与测试新手段。尤其可贵的是摸索出光伏屋面、种植屋面及地下深层防水工程、水中工程防渗防腐新材料新工法，有些达到国际领先水平，有些破解世界难题，填补了国际空白，受到世界防水业界同行的认可。

主编陈宏喜、陈森森、杜昕是久经历练的技术型人才和企业家，也是防水科技创新的带头人。他们博览群书，总结经验，集思广益，图文并茂，接地气聚人心，合作编撰出《建筑工程防水堵漏创新技术》专业著作，为我国防水行业提供了一部新的培训教材和防水堵漏作业指导书，也充实与丰富了我国防水堵漏保温防腐行业的技术书库。

向本书的技术顾问、作者及以多种形式支持本书出版的同仁致敬。

沈春林

2022年3月28日

前　言

科技创新蔚然成风

我国古代建设工程主要利用自然界的有机物与无机物遮风挡雨，防治工程渗漏与防腐蚀。

随着产业革命的推进与科学技术的进步，人们在工程防治渗漏与防腐保护方面有了很大的发展；随着化学工业的兴起与发展，建设工程防治渗漏与防治腐蚀取得了长足进步；随着现代建筑与建设工程的兴起和发展，工业发达国家率先研发了防水防护新材料新工艺，逐步形成卷材防水、涂膜防水、瓦材防水及注浆堵漏系列产品。这些产品基本上能满足现代建设的需求，但耐久性与环保性存在较大差异。近二三十年，经济发达国家在绿色环保节能减排方面取得了新突破新进展。

秦砖汉瓦技术走在世界前列。我国化学建材落后于经济发达国家几十年，防水防护材料技术含量不高工艺相对落后。1915 年上海开林油漆厂诞生，拉开了现代涂料工业的大幕。1947 年上海成立油毡厂，引进油毡生产与施工技术。我国涂膜防水防护装饰与卷材防水随之开辟了新纪元。

1949 年后尤其是改革开放后，我国防水防护材料生产与施工技术突飞猛进，近二三十年呈星火燎原之势。21 世纪初以来，我国防水行业基本形成卷材、涂料、密封胶、注浆堵漏系列产品。到目前为止，我国掌握了先进工艺工法，在防水防护方面国外出现的产品，我们基本上都有。随着数字化智能化的发展进步，我国防水防护进入深化研究、优质高效、节能减排、低碳发展新阶段，新理念、新产品、新工艺日新月异。

在新形势下，为了总结与推广行业创新技术成果，我们邀请行业部分学者、专家与科技人员，编撰了《建筑工程防水堵漏创新技术》一书。全书共分 8 章与 3 个附录，以经验为贵，创新为重，图文并茂，供同仁参考，也可作为职业培训辅助教材。

在编写过程中，引用了相关规范、规程、标准，参考与引用了叶林昌、叶林标、叶林宏、沈春林、鞠建英、秦道川、刘尚乐教授及其他学者、科技人员的著作，值此致以诚挚的谢意。

因编者水平有限，书中存在不足之处，敬请读者赐教。

编　者

2022 年 3 月

目　　录

1 概　　论

1.1 建筑防水工程的含义

建筑防水工程是指为了防治水分对建筑工程的危害而采用一定的材料、构造形式与施工工艺进行设防、治理的总称，也就是防止自然雨水、江河湖泊的水、地下水、工农业和民用的给水、排水、腐蚀性液体及空气中的湿气、蒸汽等侵入建（构）筑物的人为方式与手段。

建筑防水工程包括地上建（构）筑物的遮风挡雨与地下建（构）筑物的防渗防腐及湖泊水库、汪洋大海水中构筑物的堵漏防治。其基本内容包括：地上建筑物的屋顶、外墙、楼层、地面防渗防潮、地上交通桥梁隧道、垃圾填埋场等防渗防护；地下室、地下隧道、共同沟、人防、给（排）水道工程等防渗防腐；特殊功能的水池、水塔、游泳池、喷水池、储油罐等构筑物防渗防腐；混凝土结构本体自防水……。

1.2 建筑工程防水堵漏的功能

建筑防水堵漏是建设工程中占比较小的一部分，但作用巨大。

屋顶、外墙起挡风防漏作用，为人类提供生存舒居条件，为工农业生产与军工生产创造正常作业环境。房屋一旦渗漏，人们工作与生活不得安宁，室内生长霉菌、传染疫情、阻碍生产与科研作业，损坏珍贵的设备、设施与仪器仪表，仓储货物发霉变质。

厨卫间渗漏，不但影响自家正常生活，而且导致邻里纠纷。

住宅或公建地下室渗漏，威胁停车安全；地下车站渗漏，乘客不安宁，地铁车辆受损；地铁隧道渗漏，造成停开事故，2021 年 7 月郑州某地铁隧道由大雨暴风导致雨水倒灌，致使人员伤亡造成财产损失，给社会造成重大负面影响。

水池、泳池、水库渗漏，不但浪费大量水资源，而且破坏周边环境生态平衡。垃圾填埋场或污水处理池渗漏，导致周边遭受严重污染。人防工程渗漏，影响人防指挥机能，损坏有关设备、设施，甚至废弃停用。

地下综合管廊渗漏，沟内设施惨遭破损。

交通桥梁渗漏，不但干扰车辆运营，而且造成结构超前破损与影响结构使用寿命。

……

搞好防水堵漏工程，对保证人们生活、工作与现代化建设，具有重大现实意义与深远作用。

防水堵漏的功能与作用可归纳如下：

（1）防止外部雨水向建、构筑物内部渗透；

（2）防止蓄水结构内的水向外渗漏；

（3）防止建、构筑物遭受有害水或液体的侵蚀、腐蚀；
（4）节能减排、防治环境污染；
（5）防止结构体遭受破损，提升结构安全与使用寿命；
（6）助推“双碳”目标超前实现。

1.3 防水堵漏的系统性与创新性

防水堵漏应遵循“设计是前提，材料是基础，施工是关键，管理是保证”的总原则，优质、高效的防水堵漏必须做到“合理设计＋优选材料＋精心施工＋严格质控”，而且要协同作战，利用系统工程理论，才能达到不渗不漏、优质高效之目的。

1.3.1 合理设计

根据工程地点的地质条件、水文环境与当地气候特征，选用合适材料、合适工艺工法，确定合理构造，为施工公司绘制清晰详图，做到因地制宜、技术先进、经久耐用、经济合理。

1.3.2 优选材料

我国现有五大系列近百个品种近千种规格型号的防水堵漏材料。设计者应放眼全球，结合实际，挑选符合工程需要的并有适宜厚度的达标耐久产品。材料质量以先进标准为准绳，不以广告宣传定产品。

1.3.3 精心施工

挑选社会口碑好的有相应资质的施工队伍与经过职业培训的技工为骨干的操作人员担当施工。按照国家相关规范规程与设计要求，精心作业，做好细部节点与大面防水设防，达到“不渗不漏”的目标。

1.3.4 严格质控

公开、公平地见证随机取样复验产品，非标产品不得用于工程。施工中严格执行“自检—互检—专检”相结合的“三检制度”，按国家相关规范和规程的要求进行验收；竣工后做好保养、维护；试行质量保证期制度，保证期先订为10年或20年，逐步提升为30年。保证期内，一旦渗漏，施工方不但应尽责修缮，而且按规定赔偿因渗漏造成的损失。

防水堵漏既然是个系统工程，实践中就应从勘测设计到工程竣工后维护保养，长时间内，环环相扣，良性运营。此过程一要排除形形色色的不合理的人为干扰，依规依法自始至终以提升质量为重；二要从实情出发，有的放矢，采用新材料创新工艺、创新设计，确保工程不渗不漏、经久耐用。

建筑防水是一项系统工程，在实施过程中，既要遵循国家有关法律法规，又要从实际出发，不墨守成规，以“优质高效、环保节能、经久耐用”为目标，敢于破除陈规旧律，标新立异。

试行新的设计理念，采用新材料、新工法、新机具破解“老大难”问题。此过程是一个除旧创新过程，面临一系列的挑战，同仁们应敢于应战，使我国由一个防水大国走向防水强国。

1.4 注浆堵漏是治理渗漏的重要手段

灌浆/注浆堵漏是将一定材料配制成浆液，通过灌输方式将浆液输入地层或建、构筑物缝或孔内，使其扩散、渗透凝胶或固化，以达到基体密实补强的目的。灌浆是一个总概念，它包含自重法灌浆与压力法注浆，"注浆"是灌浆的工艺手段，它必须采用机械将浆料注入地层或建、构筑物中。

在疏松地层中挖坑刨井，首先应在坑井周围预先垂直或斜向钻孔输入浆液材料，凝固后形成阻水屏障并固结疏松岩土，为挖坑刨井创造工作条件，这是预注浆的功能。

在挖坑刨井中遇到岩隙流水、涌水，必须即时灌注速凝浆液，堵截流水、涌水，为后续工作提供无水/少水的作业条件。

地下建、构筑物成型后，遇有缝孔渗水，应注入速凝浆液，封堵渗漏。

建、构筑物在使用运营中，因结构变形等原因，出现局部渗漏，应即时灌注浆液封堵渗漏。

屋顶、楼层在使用中出现开裂或小孔微洞，导致局部渗漏，应即时注浆封堵。

水池、水库、泳池、水塔等构筑物出现裂缝或小孔渗漏，亦应注浆堵漏。

由此可见，注浆堵漏是建设工程中应用普遍而有效的工艺工法，是不可或缺的防水手段，如同病人进入医院后打针治疗一样常见，故许多人把建筑工程注浆治理称之为"打针治病"。

注浆材料多种多样，常用的有水泥浆、黏土水泥浆、水玻璃、环氧树脂注浆液、聚氨酯注浆堵漏剂、氰凝、丙凝等。我们应根据工程实际，选用合适材料。

注浆工艺有高压、中压、低压，0.6MPa 以内的压力称之为低压注浆，注浆压力10MPa 以上称之为高压注浆，介于两者之间的称为中压注浆。我们应根据基体的实际，设计合适的注浆压力。

建、构筑物渗漏维修，一般采取"低压慢灌"工艺，这是广大工程技术人员与操作技工长期积累的经验，是他们智慧的结晶。

注浆堵漏的机具多种多样，我们应根据工程实际选取轻型、智能型机具，助推注浆顺利进行与安全作业。

1.5 现代建设工程防水堵漏的发展方向

现代建筑工程向高深拓展，现代建设工程多方位发展，预制拼装工艺方兴未艾，海绵城市建设从试点进入示范，光伏屋面全面示范，农村振兴四处开花，地下综合管廊有序进行，给防水堵漏行业带来严峻挑战与良好机遇，我们应与时俱进，努力建设一个低碳美好家园。为达此目标，今后若干年应做好如下工作：

（1）强化基础科研，走数字化、智能化、低碳绿色发展新路。

（2）创新设计理念，探索新的构造层次与顺序，出版清晰图集，让工程技术人员和技工能深刻领悟设计意图与了解相关规定。

（3）加强行业管理干部与职业工人的专业培训，不断提升防水人的素质。

（4）深化研发低碳、阻燃、耐老化的新材料新产品，有机产品耐用年限达30年以上。

（5）施工由手工作业向机械化、智能化方向前行。

（6）施工机具设备向轻型、智能型方向发展。引进、研发产品检测与工程检测新设备和新仪器。

（7）研发排除自粘卷材低温铺贴的温度障碍。

（8）逐步提升机器人在防水保温防腐行业智能化生产与施工的比例。

（9）提升材料生产与施工“三废”治理水平。

（10）逐步普及城乡分散式光伏屋面技术，助推清洁能源的发展。

（11）大力推广混凝土结构自防水技术，深化研究，实现防水与结构体同寿命。

（12）排除一切不合理的干扰，抵制不合理的低价、恶性的招标投标，创造公开、公平竞争的防水生态环境。

2 “双碳”战略下防水行业的发展路径

2.1 “碳达峰”“碳中和”的含义

气候变化是全人类共同面临的全球性问题，主要是指温室气体排放猛增，引起环境温度上升，对生命系统形成威胁。所谓“温室气体”，是指大气层中自然存在的和由于人类活动产生的能够吸收和散发地球表面、大气层和云层所产生的波长在红外光谱内的辐射气态成分。

温室气体包括二氧化碳(CO_2)、甲烷(CH_4)、氧化亚氮(N_2O)、氢氟碳化物(HFC_S)、全氟碳化物(PFC_S)、六氟化硫(SF_6)与三氟化氮(NF_3)等，常规的主要是二氧化碳和甲烷，又以二氧化碳为主要温室气体。

“碳达峰”是指人类活动空间（地球表面、大气层、云层），二氧化碳的排放不再增长，达到峰值（约 106 亿 t)。“碳中和”是指企业、团体或个人测算一定时间内，直接或间接产生的温室排放总量，通过植树造林节能减排等方式，抵消自身产生的二氧化碳排放量，实现二氧化碳的“零排放”。

习近平主席在第 75 届联合国大会一般辩论上提出了中国应对气候变化新的国家自主贡献目标和长期愿景，二氧化碳排放力争于 2030 年前达到峰值，努力争取 2060 年前实现“碳中和”，这就是我国今后的“双碳”目标。要实现“双碳”目标，需全国人民艰苦卓绝的努力，实现“双碳”目标是对人类的卓越贡献。

2.2 双碳目标的社会效益及经济效益

双碳目标的实现具有重大而深远的社会效益与经济效益。人们生活与工作的环境如果二氧化碳、氮氧化合物及硫化物超标，则造成地球变暖、海平面上升，导致环境恶化，各种各样的自然灾害频发，疫情增加，经济衰减，生物受到生存威胁，甚至人们的生命安全也受到威胁。全人类应高度重视城市更新总目标，建设宜居城市、绿色城市、智慧城市、人文城市。

我国既有建筑面积约 900 亿 m^2，平屋面面积约 90 亿 m^2，如果有 30%～50%的平屋面进行绿化种植，夏季最热时段按 100 天计算节能量，则可减少碳排放 7035 万 t/年。研究表明，北京截至 2020 年已完成屋顶绿化面积超过 200 万 m^2，每年减碳量约为 3778t。

植物固碳按国际标准“碳税法”计算，约为 170 美元/t，约合人民币 1190 元/t，北京市每年可减少 450 万元的排碳费用；按“造林成本法”计算，北京市每年可节省 449.58 万元固碳的投入。

2.3 大力助推建筑绿化与园林绿化

实践证明，平屋面/小坡屋面及外墙、阳台均可栽花种草、培植灌木/小乔木，称之为建筑绿化。利用空坪隙地栽种花草植物，称之为园林绿化。利用沙漠、荒山栽种树木称之为森林绿化。三类绿化都蕴藏着大量绿色植物，饱藏叶绿素。植物在可见光的照射下，吸收二氧化碳，释放氧气，这叫光合作用。这种固碳释氧的光合作用，有利于调节大气中碳一氧平衡，缓解“热岛效应”与“冷桥作用”。

通过对光合作用的研究得知，花园式屋顶绿化对 CO_2 的吸收量为 12.20kg/(a・m^2)、对 O_2 的释放量为 8.85kg/(a・m^2)；简单式屋顶绿化对 CO_2 的吸收量为 2.06kg/(a・m^2)。这是大自然对人类的恩赐，我们应大力助推绿化事业的发展，普及种植屋面(含地下工程顶板)

2.4 防水堵漏是实现双碳目标的有效途径

低价恶性竞争损害防水保温防腐行业的生态发展，我们应坚决抵制。面临时代进步与科技发展，防水保温防腐行业应旗帜鲜明地走“优质高效，经久耐用”的绿色发展道路。

所谓“优质高效”，是指在合理设计的前提下，选用先进的材料与工法，通过精心施工，使建、构筑物不渗不漏，而且工程造价合理。所谓“经久耐用”，是指材料耐用年限不少于 30 年，向与结构体同寿命的方向发展。

防水保温防腐做到“优质高效、经久耐用”，可以节省大量人力、物力、财力，并起到节能减排的作用。例如水性涂料智能化喷涂，人工费可降低 50%～60%，并且厚薄均匀、省料，低碳环保、不污染环境。

正置式混凝土屋面渗漏，不开挖不砸砖，采用“局部注浆＋固结构造层＋喷涂反辐射防水涂膜”，不但能做到不渗不漏，长久使用，而且能达到隔热与美化效果。

2.5 光伏屋面防水解决方案

光伏屋面是指在屋顶安装光伏组件，利用太阳能发电，将太阳能转化为电能，为工农业生产、国防事业与人们生活提供清洁能源。

光伏组件可安装在屋面、外墙，也可在工厂预铺于卷材载体（光伏卷材）上。目前主要是光伏组件安装于屋面的工程最多。

屋面防水质量是未来 BIPV（光伏建筑一体化）需要克服的难点与痛点之一，光伏漏水是世界性难题，而屋面防水工程质量是整个光伏系统使用寿命的保障。

目前市售 BIPV 产品多数是采取拼接或搭接加自攻螺钉点式固定的方式安装，节点多，漏水危险大。

根据光伏屋面的特点，我们应选用高质量防水产品与先进施工工艺，确保节点细部水密、气密、风密，确保防水层经久耐用。

近 10 多年来我国防水头部企业紧跟光伏屋面的发展，开发了一些耐候性、耐老化性良好的新产品，如丁基胶、改性硅酮胶、TPO 卷材、PVC 卷材、超耐候Ⅱ R-PVDF 氟碳膜等。与此同时，通过培训与实践培养了一批施工队伍与操作人员，为光伏屋面的发展起保驾护航的作用。

光伏分为集中式大型并网光伏电站与分布式电站，前者与建筑防水解决方案关联度不大，后者防水防腐是重要因素。

分布式光伏电站根据与建筑结合的关系，分为 BAPV（光伏与建筑结合）和 BIPV 两种。防水方案主要涉及这两种电站，特别是 BAPV。BIPV 中的光伏采光顶、光伏瓦、光伏幕墙、光伏雨篷等，本身就是建筑的一部分，因此仅需进行节点密封或使用涂料产品实现密封防水目标。

BIPV 包括光伏采光顶（含框式光伏采光顶、肋点式光伏采光顶、点支式光伏采光顶）、光伏幕墙（含双层光伏幕墙、点支式光伏幕墙、单元式光伏幕墙、非透明光伏幕墙）、光伏雨篷（点支架光伏雨篷、框式光伏雨篷）、光伏栏杆（含点支式光伏栏杆、框式光伏栏杆）、光伏天桥、光伏车棚。

BAPV 包括混凝土平屋面光伏构件、混凝土坡屋面光伏构件、金属屋面光伏构件、墙面光伏构件、光伏遮阳板（点架式光伏遮阳板、点支式光伏遮阳板、竖向百叶光伏遮阳板）。

BAPV 可分为混凝土平屋面光伏、混凝土坡屋面光伏、金属屋面光伏。其中，混凝土平屋面和坡屋面光伏构件系统使用基座、预埋件、光伏支架连接（图 2-1）。金属屋面光伏构件通过夹具、龙骨、机械固定等措施（图 2-2）进行固定。防水节点密封增强是防水处理的重点。

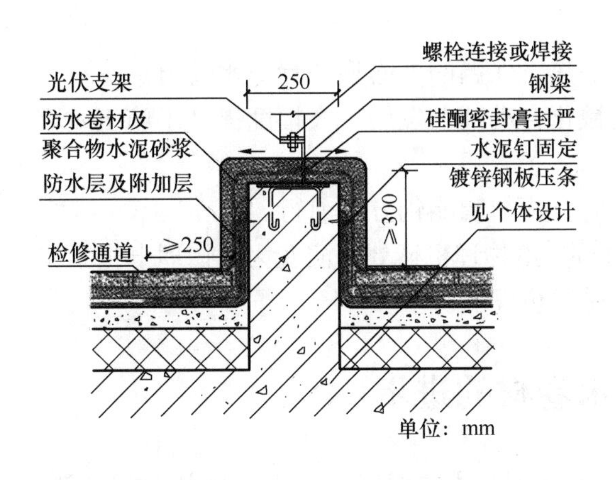

图 2-1 混凝土光伏屋面基座防水构造示意图

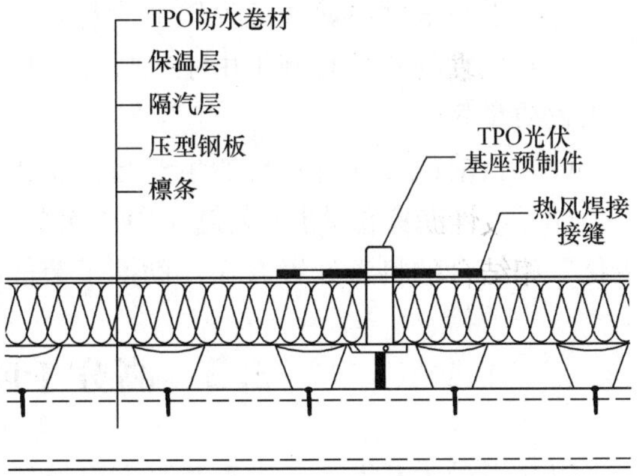

TPO防水卷材
保温层
隔汽层
压型钢板
檩条
TPO光伏基座预制件
热风焊接接缝

图 2-2 金属光伏屋面防水构造示意图

BAPV 光伏屋面首先应做好基础防水（节点密封与大面防水），一般采用 TPO 卷材、PVC 卷材或耐候性涂膜做大面基础防水层，安装光伏装置时，避免破损防水层。安装光伏装置后，应采用耐候性优的密封胶密实密封节点，并对金属配件进行防水、防腐蚀处理。

3 防水堵漏材料的创新

3.1 聚合物改性沥青防水卷材的发展

SBS/APP/SBR 聚合物改性沥青防水卷材起源于欧洲经济发达国家，迄今已有近百年的历史。我国二十世纪八九十年代引进意大利、德国等技术与装备开发了这类产品与施工技术，通过10多年的努力，改性沥青卷材在我国逐步由试用到普及，目前已成为我国主要防水材料，2018年占防水市场的半壁江山。

近20年来我国在消化引进技术的同时，创新发展了许多新技术：

（1）由单一聚合物改性沥青，演变为两三种聚合物共混改性沥青，提升了产品质量。

（2）在改性沥青中掺入适量的溴化物、三氢化锑，掺入3%～10%的氢氧化铝、氢氧化镁、硬硼酸钙，掺入2%～5%的膨胀石墨和多磷化合物，提高了卷材的阻燃防火性能，提升了卷材耐火等级。

（3）在改性沥青中掺入适量的自粘油与助剂，把干面热熔铺贴施工方式转型为湿面自粘的冷铺贴工法。在此基础上，开发了反应粘湿铺/预铺改性沥青卷材，提升了粘结强度。

（4）在改性沥青胶面层粘压具有反应活性的氧化硅砂粒保护层，形成锤而不脆不失粘的金刚砂面层，无须外做保护层即可进行绑扎钢筋与浇筑混凝土，大大缩短了土建工期，同时节省了混凝土养护费用。

（5）卷材表面喷涂浅色反辐射涂料，制成隔热、保温的外露型沥青防水卷材。

（6）改性沥青卷材施工由手工操作，向机械化自动铺贴发展，大幅度提高了施工效率与工程质量。

（7）目前改性沥青卷材的生产与施工正在向宽幅与智能化方向前行。

（8）改性沥青卷材生产与施工中“三废”处理，由物理机械处理演变为“物理+化学+生化”相结合的科学处置方式，助推了节能减排绿色发展。

3.2 高分子防水卷材的进步

以分子量为几万、几十万甚至上百万的橡胶/橡塑为主要原料，掺入增韧剂、防老剂、填料、硫化剂等助剂，经塑炼、混炼、压延或挤出成能弯曲的片状材料，称之为高分子卷材。此类卷材厚度多数在0.8～1.8mm，宽度多数在1～2.4m，也有3～9m的产品，长度多数在15～20m/卷。这类材料分为均质卷材与增强型卷材。

高分子卷材早年主要采用粘胶冷铺法铺设，其后采用机械固定法施工，再后采用植筋于卷材本体的纤维与改性水泥胶粘贴等方式冷铺设。热塑性聚氯乙烯（PVC）、聚乙烯（HDPE、LDPE）、热塑性聚烯烃（TPO）卷材多数采用机械固定与热风焊接搭接的施工方法。

高分子卷材品种较多，主要有三元乙丙橡胶（EPDM）卷材、氯化聚乙烯（CPE）卷材、氯化聚乙烯-橡胶/树脂共混卷材、聚乙烯（HDPE/LDPE）卷材、聚氯乙烯（PVC）卷材、氯磺化聚乙烯（CSM）卷材、氯丁橡胶（CR）卷材、热塑性聚烯烃（TPO）卷材、再生胶卷材等。近20年来，西欧一些国家、日本、美国与我国高分子卷材应用最多的是PVC卷材、TPO卷材、EPDM卷材。

近20年，高分子卷材围绕提升质量、方便施工、节能减排的目标，在生产、施工方面取得很大突破与创新。

3.2.1 三元乙丙橡胶（EPDM）卷材

EPDM卷材有三大显著优点，一是分子结构主链上不存在双键，即使在紫外光、臭氧、湿热作用时，主链不易发生断裂，耐用年限可达50年；二是拉伸强度高，延伸率大；三是耐高低温性能好，100℃不发黏，－45℃不硬脆，故称为高分子卷材的骄子。

早年我国EPDM卷材的厚度多半是1～1.2mm，宽度多半为1m，基本上是胶粘冷贴。但是人们发现胶结剂（如CX-404胶）未过关，粘结强度偏低，有时被五六级大风掀起剥离。香港某体育馆屋面采用西欧产品与技术进行施工，一次遇到巨大台风，屋面卷材大部分被风揭破损，引发国际贸易纠纷。

针对胶粘缺陷，我国科技人员在改善胶粘剂质量的同时，研发了自粘EPDM卷材、植筋纤维面水泥胶粘技术，破解了这一难题。

为适应单层屋面的发展，研发了宽幅（1.4～3m）卷材生产装备及生产工艺。

为提升产品的耐久性与使用寿命，提升了EPDM卷材的厚度1.2～1.8mm，有些企业能生产2mm厚的EPDM卷材。

3.2.2 聚氯乙烯（PVC）卷材

20世纪80年代，湖南大学土木系张传镁、陈文奇教授率先研究了焦油-聚氯乙烯有胎卷材与无胎卷材，其后又研发了非焦油、非沥青浅色无胎聚氯乙烯卷材，并推广应用于南方屋面防水工程。其后，山东、江苏、广东等地在试用进口PVC卷材的基础上，开发了高强度、大延伸的PVC卷材，并逐步规范化生产与应用这类防水材料。

21世纪以来，我国引进经济发达国家的PVC卷材生产装置与技术，生产了无胎与内增强型两类产品，促进了PVC卷材在我国的发展与应用。

西欧一些国家、日本、美国与我国在生产应用PVC卷材中发现这类材料的局部缺陷，如酯类增塑剂易迁移、粘胶溶剂挥发污染环境等。我国科技人员与时俱进，进行技术改革，助推这类材料提质增效，主要创新点如下：

（1）去除易迁移的邻苯二甲酸二丁酯/二辛酯，以树脂/橡胶与不易迁移的增塑剂增韧卷材，提升了产品的耐老化性能。

（2）生产工艺采用挤塑成型流水生产线，取代塑炼、混炼、压延成型的传统生产工艺，改善了操作工人的劳动强度与生产环境，提高了生产效率。

（3）产品表面浅色化或喷涂反辐射涂料，提升了产品质量与保温隔热性能及美化环境的效果，也为PVC卷材外露使用创造了条件。

（4）卷材搭接普遍采用热风焊接，不但提升了搭接部位水密、气密、风密功能，而且为卷材条铺、点铺、空铺及减少粘胶溶剂挥发奠定了基础。

（5）卷材单面/双面植筋高强纤维，或者在卷材表面涂敷自粘胶层，为卷材湿铺、预铺满粘创造了条件。

3.2.3 热塑性聚烯烃（TPO）卷材

该材料早期是以乙烯和 α 烯烃的聚合物为主要原料制成的均质片材。在试用中发现热收缩率偏高，后改进为乙丙橡胶与聚丙烯结合并加筋增强。这种材料不含增塑剂、氯元素，绿色环保；抗拉强度高、耐撕裂、耐穿刺、耐候、耐老化；热风焊接速度快，接缝剥离强度为 PVC 的两倍，是一种受业界青睐的高分子卷材。卷材厚度为 1.2～2.0mm，幅宽为 1.5～2m。产品执行国标《热塑性聚烯烃（TPO）防水卷材》(GB 27789—2011)。

产品施工可粘贴铺贴与机械固定空铺、条铺，但搭接区域都采用热风焊接。

这类产品与技术近 10 年来的主要进步表现在如下几个方面：产品本体厚度略有提高，1.5～2.0mm 厚的占比增加，幅宽增大；施工工艺由胶粘、机械固定向湿面自粘发展；产品应用范围扩大，过去主要用于屋面防水，现在在地下空间工程中使用量增加，而且向种植屋面、光伏屋面、外露工程及交通桥梁方面渗透，抢占制高点；生产工装、施工设施有较大进步，向智能化拓展。

3.2.4 CPM 层压交叉膜反应粘高分子防水卷材

CPM 反应粘高分子卷材是广西金雨伞公司、广西天华公司率先在我国开发的新型高性能防水卷材。它的显著特点是：干湿粘强度大；延伸性好；低温柔韧；耐候、耐老化、耐穿刺、耐撕裂；可湿铺、预铺，可做种植屋面耐根穿刺防水层。天华公司在卷材表面覆盖金属膜耐火阻燃。这种材料与基层粘结是“物理铆榫＋化学键合”，形成强大的粘合力，不发生层间窜水。

3.2.5 聚乙烯丙纶复合防水卷材

聚乙烯丙纶复合防水卷材是采用线型低密度聚乙烯树脂（原生料）、抗老化剂等原料，由自动化生产线一次性热融挤出，并复丙纶无纺布加工制成。卷材中间层是聚乙烯膜防水层，上下两面是丙纶无纺布。

这类卷材早期采用丙纶/涤纶与聚乙烯树脂，在生产装置上二次复合成型。这一阶段产品存在如下问题：丙纶/涤纶有些采用短丝、有些采用长线，两者质量有差异；聚乙烯树脂可用新料，也可用再生料，后者质量次于前者；丙纶与树脂采用二次成型工艺，丙纶与树脂剥离强度较差，施工中容易鼓泡脱离基层。

针对上述缺陷，我国科技人员在学习经济发达国家先进经验与总结自己经验教训的基础上，经过反复研究，在技术上有较大突破；认识了丙纶优于涤纶、长丝优于短丝、原生树脂优于再生树脂、流水生产线一次挤塑热融成型优于二次复合成型；施工方面也有较大改进，先将复合卷材浸湿软化，再将基层吸饱水分，卷材粘结面与基面同时刮水泥胶浆粘合，适当抹压辊压，粘合后对卷材表面进行湿养，经过这些工法粘贴的聚乙烯丙纶卷材不会鼓泡脱离，而与基层满粘牢固。北京圣洁防水科技公司 20 多年潜心生产与精细施工，在我国起了标杆示范作用，并研发出耐植物根刺的优质乙烯丙纶防水卷材。这种产品执行《高分子增强复合防水片材》(GB/T 26518—2011)。

3.2.6 高分子防水胶膜

高分子自粘防水胶膜由高分子片材（HDPE、TPO 等）、高分子自粘胶膜与防粘层构成。有预铺和湿铺两类产品。在此基础上开发了阻根型、白色反辐射隔热型、防火阻燃型等新品种。

这类材料自粘胶膜富含活性基团，有一定的渗透能力，与基层发生卯榫、键合作用，形成互穿网络结构，密实密封界面间隙，消除窜水隐患。它广泛应用于地下、地上与水下工程，起着防渗堵漏与防护作用，具有广阔的发展前景。

神舟牌 SZ 非沥青高分子自粘卷材，是吸收多家科研成果研发的新型防水胶膜，施工时不浇筑混凝土保护层，直接在“金刚砂”面层上绑扎钢筋与浇捣结构层混凝土，省工省料、快速便捷。

3.2.7　综合性能优异的 EVA 防水板

近几年铁路隧道防水板的设计中，EVA 防水板占设计总量的 97%以上。传统 EVA 板存在力学性能差、VA 含量低（<5%）、热熔焊接不牢固等问题，为克服此缺陷，衡水中铁建土工材料有限公司的科技人员创新研发了综合性能优异的新颖 EVA 板。他们采用多种橡胶与合成树脂（HDPE/LLDPE/MDPE/EVA）和抗氧剂、防老剂等助剂，经反复试验，成功研发出新型防水板，保证了防水板 VA 含量，性能达标，并提升了焊缝剥离强度，为铁路隧道安全运营作出了有益贡献。

3.3　涂膜防水材料的创新

古代涂膜防水防腐防护材料在我国有着悠久而光辉的历史，彰显于世，受人称赞。由于产业革命的滞后与半殖民半封建制度的影响，我国在这方面落后于工业发达国家几十年。1915 年上海开林油漆颜料厂诞生，拉开了中国近代涂料工业发展的大幕。

近代涂料包括建筑涂料、木器涂料、汽车涂料、船舶涂料、航天航空涂料等。建筑涂料包括屋面防水涂料、内外墙装饰防护涂料、地坪涂料、地下工程防渗涂料与特种功能涂料。按其主要成膜物质可分为改性沥青防水涂料、聚氨酯防水涂料、丙烯酸酯防水涂料、环氧树脂防渗加固涂料、有机硅涂料及特种功能涂料等。

据有关统计，2011 年我国建筑涂料上规模的企业（年营业收入 2000 万元以上）有 224 家，2011 年的产量 345.5 万吨。近期全国涂料总产量约 2000 万吨（2014 年为 1648 万吨），其中建筑涂料产量约 600 万吨（2014 年为 516 万吨），占涂料总产量 1/3 的份额。

建筑防水涂料行业充满创新活力，主要表现如下。

（1）品种优胜劣汰。未经改性的沥青涂料与溶剂型涂料受到限用/禁用，不适合社会需要的产品逐步被淘汰；受业界欢迎的水性优质高分子涂料的产品迅猛发展。

（2）生产逐步集约化。20 世纪中后期我国涂料生产厂家有千家万户，手工作坊皆皆可见。经过一二十年的努力，生产机械化、规模化日益提升，尤其近 10 年，逐步向集约化前行，有些企业 1 个车间可年产涂料 5 万～20 万吨，一些头部企业应运而生，它们的品种、产量遥遥领先，质量稳定，有些引进机器人实行智能化生产。

（3）聚氨酯防水涂料向非黑色发展，开发了可湿面施工的白色环保产品。

（4）丙烯酸酯乳液与乙烯-醋酸乙烯（EVA）乳液共混，制造出质量更优、价格更便宜的新产品。

（5）环氧树脂涂料原来性脆且需要干面施工。经过艰辛研究，去糠醛，增韧性，开发出湿面施工的优质防水涂料。

（6）路桥尤其金属路桥的防水防腐涂料，很长时期内质量未过关，例如武汉长江三桥

10年反复修补了24次，后研发了甲基丙烯酸酯（MMA）高韧性强粘结的高效涂料，破解了路桥防水防护之难题。

（7）混凝土基体是多孔结构，孔隙率达26%～40%，表面附着的防水层难于根治渗漏。我国科技人员吸取发达国家技术，研发出渗透结晶材料M1500、HM-1500、CPS永凝液，为混凝土结构提供了密实抗裂材料。

（8）近20年来，我国科研人员吸取经济发达国家的精华技术，研发了高固、高强、高延伸的喷涂橡胶沥青涂料与防水防腐聚脲涂料。

（9）近10多年，我国引进韩国等国外先进技术，开发了蠕变形、非固化橡胶沥青涂料，既可独立做防水涂膜、灌浆材料，又可做涂卷复合防水底层的密封胶粘材料，有力促进了我国复合防水技术的发展。

（10）近20年我国将有机硅涂料改善提升为文物保护涂料、外墙憎水涂料。

3.4 密封材料的新进展

丙烯酸密封胶、硅酮密封胶、聚硫密封胶、聚氨酯密封胶是世界公认的四大非定型密封材料。我国在应用、生产与施工的基础上，结合国情，开发了不少新产品，取得了重大新进展。

3.4.1 丙烯酸密封胶的进步

这种材料早年存在的明显缺陷是：收缩率高达25%以上；固结时间长；固结体内部微孔多。冶金建研总院姚国芳教授、湖南大学黄伯瑜教授、上海建科院陈艾青教授等专家，经过多年改革探索，开发出低收缩、凝固快的新产品，并利用吸水树脂或吸水石膏消除内部孔隙，提升了产品质量。

3.4.2 硅酮密封胶的新发展

硅酮系列密封胶，如有硅酮结构胶、耐候硅酮胶、改性硅酮胶等，具有强度大、延伸性好、粘结力强、耐老化等优良性能。但有些产品内聚力大于粘结强度，导致局部剥离；有些产品耐污染性弱，易积灰尘；有些产品着色性差。针对上述缺陷，我国科技人员进行了多方面的研究，逐一消除了缺陷，使硅酮密封胶日臻完善，并衍生出性能更全面、质量更优的硅烷改性聚醚密封胶——MS密封胶。

MS密封胶有单组分密封胶和双组分密封胶两种，是一种无味、无溶剂、无异氰酸酯，它和湿气/水分反应形成弹性物质。它能与多种基材粘结良好，弹性恢复率高，抗UV，表面可涂饰。该产品执行《硅酮和改性硅酮建筑密封胶》（GB/T 14683—2017）标准，主要用于预制构件拼接缝、基体裂缝、施工缝和变形缝的密封防渗防水，并具有防霉功能，是装配式建筑密缝的首选材料。这种材料在日本已有三四十年的应用历史，备受业主的青睐。

3.4.3 聚硫密封胶

聚硫密封胶是以液态聚硫橡胶为主要成分，与硫化物、促进剂等反应，在常温下形成弹性体，可用于活动量较大的接缝密封。

聚硫密封胶可配制成单组分和多组分（双组分、三组分、四组分等），具有良好的耐水性、耐油性和多种基材的粘结性，使用温度范围为－40～96℃。该产品执行《聚硫建筑密封胶》JC/T 483—2006 行业标准。

聚硫密封胶于 20 世纪 40 年代由美国研制成功，经历苏联、日本的深化研究，技术比较成熟。我国 20 世纪 70 年代开始研制、生产与应用，在生产与施工方面均有新的突破与创新。它与金属板配合制成的钢边橡胶止水带是变形缝优良的预埋止水材料。

3.4.4 聚氨酯密封胶

聚氨酯密封胶是以聚氨基甲酸酯为主要成分的非定形密封材料。它是含有两个或多个羟基或氨基官能团的化合物与二或多异氰酸酯进行加成聚合反应而制备的。

我国开发聚氨酯密封胶，始于 20 世纪 70 年代，现在全国有几十家工厂研制与生产。

这种材料具有优良的耐磨性、低温柔软性，机械强度大、弹性好，以及结性好，以较好耐候耐老化性，使用寿命可达二三十年，价格适中。该产品执行《聚氨酯建筑密封胶》（JC/T 482—2003）。

聚氨酯密封胶有单组分和双组分或多组分两大类。单组分为湿气固化型，双组分和多组分为反应固化型，我国生产的绝大多数是双组分密封膏。早年生产应用的主要为焦油型聚氨酯密封胶，其后开发了沥青型聚氨酯胶，继而研发出非焦油、非沥青型浅色密封胶，近几年白色环保型聚氨酯密封胶已经面世应用。

聚氨酯密封胶因性能良好与价格适中，在我国应用非常普遍，应用量为四大密封胶之首。聚氨酯密封胶主要应用于预制构件拼装缝填充接缝与交通道路桥梁分厢缝填充嵌缝及门框结合部密实密封。

近 20 年聚氨酯密封胶的进步与创新点如下：

（1）产品组分筛选用无毒、低毒原材料。

（2）生产工装设备进一步完善；釜内充氮提升了密闭生产的真空度；电热合成取代燃煤锅炉供气；预聚体通过胶体磨研磨；间歇式生产提升为智能化连续流水作业。这些改进有利于节能减排与文明安全生产。

（3）自动化包装，既提高了生产效率，又助推了胶料密封的严实性，有利于产品贮存的稳定性。

（4）产品规格型号增多，为设计人员提供按功能需要个性化选优。

（5）产品干面施工，改善为可干/湿面粘结。

（6）广州大禹防漏技术公司开发了高断裂伸长率（1100%）低模量双组分聚氯酯密封胶。

（7）产品施工后固化较慢，研发出了固化促进剂。

（8）聚氨酯密封胶抗紫外光能力较差，现研发了抗老化的酯环族面漆。

3.5 注浆堵漏材料的革新

传统的注浆堵漏材料有水泥、黏土水泥、水玻璃、水泥-水玻璃、氰凝、丙凝等。近一二十年聚氨酯注浆液、环氧树脂注浆液、丙烯酸盐注浆液等新型化灌材料，在防水堵漏工程中唱主角。近几年开发的丙烯酸·丁腈注浆材料、锢水止漏胶、改性聚脲、改性非固化橡胶沥青灌浆液、线性聚丙烯酸酯水性复合材料崭露头角。这类材料的创新技术重点简介如下。

3.5.1 锢水环保止漏胶

锢水环保止漏胶是一种改性聚脲高分子化合物，是湖南五彩石防水防腐工程技术有限责任公司近几年研发成功的一种优良注浆材料。主要特点如下：

（1）固含量接近100%，不含有机溶剂，与水产生交联反应，形成弹性橡塑体，既环保无毒，又极少收缩。

（2）在潮湿面或水中固化，与混凝土粘结强度大于1.0MPa，并能与金属、玻璃、砖石、陶瓷多种基材粘结牢固。

（3）抗拉强度达2.0～6.0MPa，拉伸延伸率达400%。

（4）耐高低温，可在－35～100℃的环境中使用。

（5）固结体耐水、耐酸碱盐，耐候耐老化。

（6）单液灌注，操作方便。

产品执行《锢水环保止漏胶》（Q/HWWCS 01—2009）标准，可应用于地上、地面、地下各类工程变形缝、施工缝、拼接缝与孔洞嵌填注浆止水防渗防腐。

3.5.2 环氧树脂注浆液

环氧树脂注浆液渗透力好，粘结力强，既可堵漏又可加固，早期仅在干面施工，经过广州科化公司、华南理工大学、长江科学院、江苏苏博特新材料公司等单位科技人员若干年的潜心研究，把环氧树脂注浆液提升到一个崭新水平。

（1）注浆液组成材料革新换代，添加了特种助剂，使产品可在干/湿面施工，突破了湿粘结的难题。

（2）去除糠醛，提升产品环保性能。

（3）开发了高渗透环氧灌浆材料，提升渗透力，使产品达到《混凝土裂缝用环氧树脂灌浆材料》JC/T 1041—2007中最高性能的Ⅱ型材料标准，取代了世界名牌的环氧化灌浆材，解决了港珠澳跨海大桥等重大工程的裂缝堵漏补强难题。

（4）增韧性环氧裂缝灌注结构胶：环氧树脂固结体具有脆性，环氧树脂增韧的方法一般有物理改性、化学改性与利用石墨烯实现物理-化学双重改性的方法。江苏苏博特新材料公司孙德文等技术人员，采用有机硅烷偶联剂氨丙基三乙氧基硅烷（KH550）对800目石英粉进行湿法处理表面化学修饰，再用表面化学处理后的石英粉对环氧树脂进行改性，进而制备得到综合性能良好的环氧灌注结构胶，能使延伸率增加，弯曲强度明显上升，提升了材料的抗冲性能和抗渗性能，制备的结构胶的综合性能最为优异，可用于多种裂缝的灌注。

（5）佛山市泰迪斯材料公司，在邱小佩教授的带领下，成功研制出用于复杂地层盾构开合换刀的“衡盾泥”，破解了困扰盾构施工泥膜护壁材料性能差，从而造成隧道塌方事故这一世界难题，填补了国际技术空白，达到国际领先水平。

3.5.3 改性非固化橡胶沥青灌缝胶

赵灿辉博士在深化研究蠕变型非固橡胶沥青防水涂料的基础上，开发了低模量、大延伸、强粘结力的非固橡胶沥青灌缝胶，综合性能优良，价格适中，广泛应用于地下工程防浸堵漏。

3.6　分布式光伏基面防水防腐材料与施工工艺要求

无论是分布式光伏还是集成一体式光伏的基面（屋面、墙面），都应做好防水处理。无论是新建工程还是小区改造工程的光伏屋面，必须重视防水防腐。

光伏与建筑结合（BAPV）可分为混凝土平屋面光伏、混凝土坡屋面光伏、金属屋面光伏。其中混凝土屋面光伏构件系统使用基座、预埋件、光伏支架连接，这些部位的节点密实增强是防水防腐的重点。金属屋面光伏构件通过夹具、龙骨、机械固定等措施进行固定，节点部位的防水处理也是防水防腐的重点、难点。

光伏系统的防水作用重大，一是关乎建筑不渗不漏，二是关系光伏发电系统的安全。

光伏系统的防水层其耐久性不得少于25年。在设计与施工中应注意如下问题：

（1）混凝土屋面、砌筑墙体按规范规定与设计要求，全面严谨地做好基础防水（卷材/涂膜）、排水；金属屋面本身厚度足够规范化防腐，并铺设可靠的TPQ卷材与节点密封。在基础不渗不漏且具有良好防腐和排水的前提下，再结合工况实际处理光伏组件安装的防水防锈问题。

（2）混凝土平屋面/低坡屋面安装光伏支架的支座，不但要做好卷材附加防水层，还要重视各个节点用耐候硅酮胶密封严实，并做好保护层。

（3）金属屋面作支架基础时，屋面防水工程施工应在钢结构支架施工前结束，支架施工过程中不得破损屋面防水层（卷材/涂膜）。钢结构支架应重点做好节点密封与防腐。

（4）旧有屋面改造成光伏屋面，应根据工况，先修缮屋面缺陷，使之不渗不漏，并且防水层耐久性不得少于25年。在此基础上安装光伏装置，并做好支架防腐与细部节点密封。

（5）接地的扁钢、角钢均应进行防腐防潮处理。

（6）光伏组件的管线穿过屋面处时应预埋防水套管，并应做防水密封处理。

（7）BIPV光伏系统作为建筑的一部分，如光伏瓦片、光伏幕墙，它们本身就应具有一定的排水、防水之功效，需要进行周边或搭接或接缝处的密封考虑，使之安全可靠、不渗不漏。

关于光伏建筑防水，深圳果尔佳公司、厦门索沃新能源科技公司、湖北光伏发电、彩虹（合肥）光伏有限公司、台湾成隆建材股份有限公司、盛隆防水科技（上海）有限公司、北新公司BIVP系统等走在行业前沿。

3.7　功能型防水材料百花齐放

3.7.1　反辐射隔热防水涂料

这种材料是以丙烯酸酯乳液为成膜基料，掺入金红石钛白粉、硅灰粉、空心微珠、颜料及化学助剂制成的单组分浆料，喷涂或滚刷后干燥成膜，起到防水、反辐射降温与装饰三重作用。

施工时先将基层粉抹的防水保温砂浆找平压实，再在面层喷或刷0.3～0.5mm厚反辐射涂料，炎夏天气可降温10～20℃。

3.7.2 专治“壁癌”的防潮树脂涂料

纯天然大豆油经过环氧改性（ESO）而成的高分子树脂共聚物，为双组分，形成的涂膜具有非常致密的分子结构，可以完全阻挡水汽分子透过（小于水分子直径0.324nm），涂膜外表具有拒水效果，产生“荷叶效应”，但能与砂浆或腻子基材进行良好结合。

该材料水性环保，无毒净味，与基层的粘结力强，耐磨损、不易开裂、抗渗透、抗拉性好，室温固化成膜，并有一定的阻燃性，是一种优良的墙壁修缮材料，是“壁癌”的克星。

该产品施工简便：现场配料（一桶A组分加一桶B组分，加5%～10%清洁水拌匀）并静置4～5min，在牢固、平整的基面上涂刷二道涂料，干后用砂布打磨平整，再刮二、三道耐水腻子即可。正常情况下，耐久性可达10年以上。

3.7.3 防水防腐聚脲涂料

聚脲弹性体技术是20世纪70年代中后期发展起来的，历经国内外学者、工程师们的潜心研究，材性材质不断提升，施工工艺工法也大有创新，喷涂机械不断革新完善，产品应用范围不断拓宽，已步入新的发展阶段。我国在这个领域虽是后起者，但使用量位列世界前茅，其改革创新活力最大，助推了聚脲技术的发展。

目前我国聚脲涂料的生产商有50多家，有些生产喷涂聚脲，有些生产手刷聚脲。聚脉涂料一般由双组分A、B组成，A组分为异氰酸预聚体（或半预聚体），B组分为氨基聚醚、胺类扩链剂、助剂与颜填料。涂料的反应机理如下：

$$R-NCO+R'-OH \longrightarrow RHNCOOR' \text{聚氨酯反应}$$

$$R-NCO+R'-NH_2 \longrightarrow RNHCONHR' \text{聚脲反应}$$

聚脲涂料具有粘结性好，涂膜强度大、弹性好，柔韧性优的特点，并有一定硬度，具备耐水耐腐蚀等优良性能，是一种防水防护的高档涂料。产品执行《喷涂聚脲防水涂料》GB/T 23446—2009，物理力学性能见表3-1。

表3-1 喷涂聚脲防水涂料物理力学性能GB/T 23446—2009

序号	项目			技术指标	
				Ⅰ型	Ⅱ型
1	固体含量/%		≥	96	98
2	凝胶时间/s		≤	45	
3	表干时间/s		≤	120	
4	拉伸强度/MPa		≥	10.0	16.0
5	断裂伸长率/%		≥	300	450
6	撕裂强度/（N/mm）		≥	40	50
7	低温变折性/℃		≤	−35	−40
8	不透水性			0.4MPa，2h不透水	
9	加热伸缩率/%	伸长	≤	1.0	
		收缩	≤	1.0	
10	粘结强度/MPa		≥	2.0	2.5
11	吸水率/%		≤	5.0	

聚脲涂料可说是一种多功能材料，可防水、防腐、防护，用途广泛，目前主要应用范围如下：

（1）对爆炸冲击与子弹射击有突出的防护性能，高韧性能减少爆炸碎片对人体的伤害。

（2）混凝土防护：表面涂施聚脲能有效防止水分、盐分渗透，减轻表面风化、冰融破坏，减轻对钢筋的锈蚀，适合地下隧道应用、沉井井壁防护及地下工程维修需要，水利工程大坝防护、除险加固等。

（3）做地上、地下工程防水涂料，起耐水、隔水作用；可用于体育看台防水、耐磨。

（4）做防腐涂料：聚脲防腐涂料应用在海洋环境中，已成功应用于青岛海湾大桥承台、港珠澳大桥沉管隧道接缝等防护工程。

（5）机械和汽车用涂料：涂料低温固化特性和优异的性能，非常匹配汽车底盘的需要，可弥补底盘局部表面处理不足，有效减少磕碰伤，提高防腐性能，可作为底盘涂料、汽车中涂漆、汽车面漆，完全满足汽车涂料实用要求。

3.7.4　聚合物水泥防水砂浆

利用聚合物乳液（EVA乳液/丙烯酸乳液/氯丁胶乳）改性水泥砂浆制成的砂浆称为聚合物水泥防水砂浆，为双组分；也可用可再分散的高分子胶粉改性水泥砂浆制成，为单组分，也称聚合物防水砂浆，又叫干粉砂浆。这类砂浆的显著特点是粘结力强、抗裂性优，而且原材料来源广泛，成品价格低廉。

产品执行《聚合物水泥防水砂浆》（JC/T 984—2005）标准，主要物理力学性能见表3-2。

表3-2　聚合物水泥防水砂浆物理力学性能

序号	项目			干粉类（Ⅰ类）	乳液类（Ⅱ类）
1	凝结时间[a]	初凝/min	≥	45	45
		终凝/h	≤	12	24
2	抗渗压力/MPa	7d	≥	1.0	
		28d	≥	1.5	
3	抗压强度/MPa	28d	≥	24.0	
4	抗折强度/MPa	28d	≥	8.0	
5	压折比		≤	3.0	
6	粘结强度/MPa	7d	≥	1.0	
		28d	≥	1.2	
7	耐碱性：饱和 $Ca(OH)_2$ 溶液，168h			无开裂、剥落	
8	耐热性：100℃水，5h			无开裂、剥落	
9	抗冻性——冻融循环：（−15℃～+20℃），25次			无开裂、剥落	
10	收缩率/%	28d	≤	0.15	

a　凝结时间项目可根据用户需要及季节变化进行调整。

聚合物防水砂浆应用普遍，主要适用范围如下：

（1）穿墙、穿屋顶孔隙填充密封。

（2）混凝土部件、构件缺棱掉角与微孔小洞及裂缝修补。

（3）铁路道床、公路桥梁裂缝、蜂窝麻面等缺陷修缮。

（4）混凝土底板、楼面、地面、墙面、隧洞平立面裂缝修补。

（5）模板拉筋或螺杆根部密实密封。

（6）电梯井、水池、水塔构筑物平立面找平抹灰。

（7）水渠、水库裂缝与蜂窝麻面的修缮。

（8）高速公路、机场地坪裂缝与蜂窝麻面的修整。

聚合物防水砂浆施工要点：①按工程设计要求的配比配制防水砂浆；②基层应牢固、平整、干净，涂抹砂浆前基层应洒水湿润，让其饱和但不留明水；③砂浆层视厚度分遍粉抹，每层厚度不超过6mm，上遍干硬后刮抹下遍，要求上、下遍涂抹方向垂直；④抹压砂浆应压实刮平，最后一道应压实抹光；⑤做好养护工作：20℃以上天气，高温阳光下的屋顶、外墙应喷水湿养3～5d；地下室工程与楼面/地面一般不喷水，让其自然养护；5℃以下不得施工，规避冰冻破损。

3.7.5 M1500水泥密实剂

M1500是一种含有催化剂与载体的复合水基溶液。它以水为介质渗透到水泥建（构）筑物内部，与水泥碱性物质发生化学反应，产生乳胶体，达到永久性密封的抗渗防水效果。

浙江大学实用技术研究所科技人员，在消化、引进技术的基础上，创新开发出HM1500催化剂与HM1500无机水性水泥密封防水剂，于1991年5月进行了技术鉴定。

M1500/HM1500水泥密封防水剂的理化性能如下：

（1）外观：无色透明、无气味、不燃、水性溶液；

（2）密度：>1.10g/cm^3；

（3）pH：13±1；

（4）黏度：11.0±0.5s；

（5）表面张力：25.5±0.5N/m；

（6）凝胶化时间：初凝2.5±0.5h，终凝3.5±0.5h；

（7）渗透性：24h渗入深度>10mm，7d渗入深度>30mm；

（8）抗渗性：水压1MPa时渗入高度<150mm；

（9）贮存稳定性：室温贮存12个月，质量指标不变。

M1500/HM1500是一种优良的渗透结晶材料，使混凝土、水泥砂浆与砖砌体内部密实、强固面层，阻止水与有害液体腐蚀基体及钢筋，并能适当提高基体基面强度。但对金属板、木制品、沥青面、有机玻璃或无孔隙的橡胶、油漆面不能适用。

M1500/HM1500施工简单，一般喷涂两三遍即可。但必须对基层先湿润后喷涂，施工后两三天内要清除析出的白色杂质。

在美国、日本、东南亚国家许多工程中显示了此类防水剂的优越性能，如混凝土管壁渗水、机场跑道冰冻开裂或疏松、桥墩被海水侵蚀，喷涂/刷涂M1500防水剂便得到修复。

3.7.6 DPS永凝液

DPS永凝液是一种无机渗透剂，混凝土、水泥砂浆基层可内掺、喷、刷，能密实基体，提高抗渗防水功能。

3.7.7 水泥基渗透结晶型防水材料

水泥基渗透结晶型防水材料（Cementitious Capillary Crystalline Waterproofing materials，简称CCCW）是由活性化合物母料、普通硅酸盐水泥、硫铝酸盐水泥、石英粉等成分混合拌匀制成的一种粉末状刚性防水粉剂。它以水为载体向混凝土内部渗透，与混凝土中的水分、氢氧化钙、游离活性物质产生化学反应，形成不溶的结晶体复合物，进而靠结晶体增长堵塞微孔、小洞及毛细通道，使混凝土致密抗渗。当基体为干燥状态时，活性化合物进入“休眠”状态，当基体遇水时，活性化合物再次被激活，随水迁移再次向混凝土内部渗透，再次增长结晶，使混凝土内部不断致密。反复循环，基体不断密实，长久抗渗防水。

CCCW执行《水泥基渗透结晶型防水材料》(GB 18445—2012)，其主要物理力学性能见表3-3。

表3-3 水泥基渗透结晶型防水材料物理力学性能 GB 18445—2012

项目			指标
外观			均匀、无结块
含水率/%		≤	1.5
细度，0.63mm筛余/%		≤	5
氯离子含量/%		≤	0.10
施工性	加水搅拌后		刮涂无障碍
	20min		刮涂无障碍
抗折强度/MPa，28d		≥	2.8
抗压强度/MPa，28d		≥	15.0
湿基面粘结强度/MPa，28d		≥	1.0

CCCW应用范围：地上、地下建（构）物混凝土密实密封，提高基体抗渗、防水防护功能。

CCCW施工方法多种多样，具体包括：①内掺，一般为水泥量的8%～12%；②抹子抹灰；③刮板刮涂；④硬尼龙刷刷涂。做涂层要求用量不小于1.5kg/m^2。

涂层施工后应重视养护：①在露天阳光下，气温在20℃以下可以不养护；②地下工程，一般不需洒水养护；③30℃以上的高温天气，涂层泛白时，立即喷雾养护，湿养应在3天以上。不允许喷水冲洗。

3.7.8 阻燃型聚合物改性沥青防水卷材

该产品以长丝聚酯毡或无碱玻纤为胎基，以优质沥青及高性能的SBS为主要原材料，掺加高效阻燃剂以特殊配方及工艺制备的浸渍或涂盖材料，上表面覆以聚乙烯膜、矿物粒料、铝箔等隔离材料，下表面覆以细砂或聚乙烯膜的改性沥青防水卷材。该材料特有性能是离火自熄。产品执行《阻燃型聚合物改性沥青防水卷材》(Q/0783WHY016—2011)。其物理力学性能见表3-4。

该产品宽1000mm，厚3mm、4mm、5mm，按阻燃性能等级，分为B_1级与B_2级，B_1级为难燃型防水卷材，B_2级为可燃型防水卷材。适用范围：对防火等级有特殊要求的工业与民用建筑的屋面与地下工程的防水，符合一级耐火等级建筑防水层的防火设计要求。

该卷材为热熔施工，卷材的搭接宽度为100mm，卷材的搭接区域应单独封边。

表3-4　阻燃型聚合物改性沥青防水卷材（Q/0783WHY016—2011）

序号	项目		Ⅰ		Ⅱ	
			PY	G	PY	G
1	可溶物含量/（g/m²）≥	3mm	2100			
		4mm	2900			
		5mm	3500			
2	耐热性	℃	90		105	
		≤mm	2			
		试验现象	无流淌、滴落			
3	低温柔性/℃		−20		−25	
			无裂缝			
4	不透水性/30min		0.3MPa	0.2MPa	0.3MPa	
5	拉力N/50mm ≥		500	350	800	500
6	最大峰时延伸率/% ≥		30	—	40	—
7	浸水后质量增加/% ≤	S	1.0			
		M	2.0			
8	渗油性/张数 ≤		2			
9	接缝剥离强度/（N/mm）≥		1.5			
10	矿物粒料黏附性[a]/g ≤		2.0			
11	卷材下表面沥青涂盖层厚度[b]/mm ≥		1.0			
12	热老化（80℃，10d）	拉力保持率（纵横向）/%≥	90			
		延伸率保持率（纵横向）/%≥	80			
		低温柔性/℃	−15无裂缝		−20无裂缝	
		尺寸变化率/% ≤	0.7	—	0.7	0.7
		质量损失/% ≤	1.0			
13	人工气候加速老化	外观	无滑动、流淌、滴落			
		拉力保持率（纵横向）/%≥	80			
		低温柔性/℃	−15		−20	
			无裂缝			

a. 仅适用于矿物粒料表面的卷材。

b. 仅适用于热熔施工的卷材。

3.7.9　耐盐碱型聚合物改性沥青防水卷材

该产品是以长丝聚酯毡为胎基，以优质沥青及高性能的SBS为主要原材料，掺加密实性材料，以特殊配方及工艺制备的浸渍及涂盖材料，上表面覆以聚乙烯膜，下表面覆以细砂或聚乙烯膜的改性沥青防水卷材。产品执行《耐盐碱型聚合物改性沥青防水卷材》

（Q/0783WHY015—2011），物理力学性能见表 3-5。

表 3-5　耐盐碱型聚合物改性沥青防水卷材（Q/0783WHY015—2011）

序号	项目		指标	
			I	II
1	可溶物含量/（g/m^2）≥	3mm	2100	
		4mm	2900	
		5mm	3500	
2	耐热性	℃	90	105
		≤mm	2	
		试验现象	无流淌、滴落	
3	低温柔性/℃		－15 无裂缝	－20 无裂缝
4	不透水性/30min		0.3MPa，30min，不透水	
5	最大峰拉力/（N/50mm）	≥	500	800
6	最大拉力时延伸率/%	≥	30	40
7	浸水后质量增加/%	≤	1.0	
8	渗油性（张数）	≤	2	
9	接缝剥离强度/（N/mm）	≥	1.5	
10	卷材下表面沥青涂盖层厚度/mm	≥	1.0	
11	抗氯离子渗透性/（$mg/cm^2 \cdot d$）	≤	0.005	
12	盐处理（20%NaCl 溶液，30d）	拉力保持率（纵横向）/% ≥	90	
		延伸率保持率（纵横向）/% ≥	80	
		低温柔性/℃	－15 无裂缝	－20 无裂缝
13	碱处理［饱和 $Ca(OH)_2$ 溶液，30d］	拉力保持率（纵横向）/% ≥	90	
		延伸率保持率（纵横向）/% ≥	80	
		低温柔性/℃	－15 无裂缝	－20 无裂缝
14	热老化（80℃，10d）	拉力保持率（纵横向）/% ≥	90	
		延伸率保持率（纵横向）/% ≥	80	
		低温柔性/℃	－15 无裂缝	－20 无裂缝
		尺寸变化率/% ≤	0.7	
		质量损失/% ≤	1.0	
15	人工气候加速老化	外观	无滑动、流淌、滴落	
		拉力保持率（纵横向）/% ≥	80	
		低温柔性/℃	－15 无裂缝	－20 无裂缝

该产品一般幅宽为 1000mm，厚度有 3mm、4mm、5mm，主要适用于沿海地区及高盐碱地区地下建筑及隧道、洞库、油库等工程的防水防护。这类产品采用热熔法施工，搭接宽度为 100mm。

3.7.10　有机硅防水防护材料

北京、江苏、安徽、江西等地有多个企业生产有机硅防水防护材料。近 40 年来，它们专注有机硅防水防护材料的研发与生产经营，为我国外墙防渗、屋面防水、文物保护等作出了贡献。

（1）北京市有机硅化工厂，长期开发与生产有机硅化合物的原材料。

（2）北京市房地产科研所系统开发与生产甲基硅醇钠（钾）憎水剂。

（3）苏州市建筑科研院长期研发与生产“凡可特”（原叫万柯涂）品牌的有机硅憎水剂，后又研发出防护防腐膏体有机硅材料。

（4）江西某单位几十年来，专注有机硅原料及有机硅产品的研发及生产经营。

有机硅是一种高分子材料，由于树脂中 Si 键饱和而不容易发生老化，又因有机硅树脂表面能低，涂层不易积灰且具有“荷叶效应”，有着优异的斥水、憎水功能。

3.7.11 硅酮屋面修缮涂料

肖石工程师在《中国建筑防水》中摘译 2017 年 Waterproof 杂志中的报道：硅酮涂料是彼得公司在 20 世纪 60 年代发明的屋面修缮涂料。施工容易，只要基层干净、干燥和牢固，先采用简单的压力冲洗，然后滚涂或喷涂 0.5mm 厚左右的硅酮修缮涂料就可以解决渗漏难题。无论是金属基体或混凝土基层，均不需拆除，也不需底涂。如美国纽约联邦国防局（DCA）屋面，1996 年选用硅酮涂料进行修缮，2016 年夏天发现，原来 0.53mm 厚的涂层表面减少了 0.13mm，25548m^2 的屋面只有 5%需要修理，其余部分只要再涂刷一层约 0.1mm 厚的硅酮修缮涂料就可以了。

3.7.12 种植屋面现今常用耐根穿刺防水阻根卷材

经过二三十年的探索与实践，行业共认图 3-1 所示的材料是可信的种植屋面用防水抗根卷材，它们具有防水、阻根、耐霉菌三重功能。

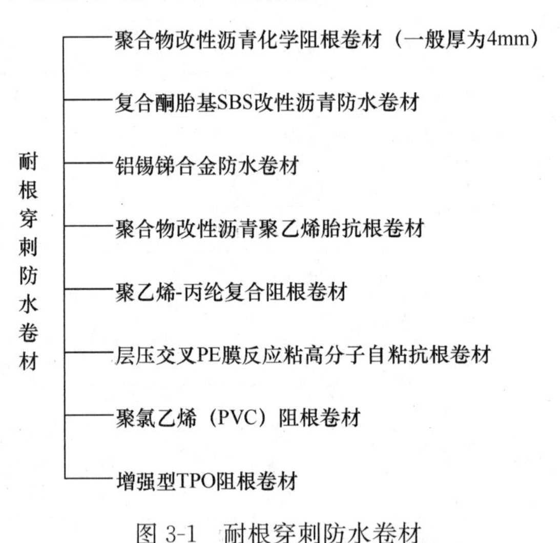

图 3-1 耐根穿刺防水卷材

3.7.13 光伏屋面常用防水、密封材料

光伏屋面常用防水、密封材料如图 3-2 所示。

3.7.14 多功能 HS28 型微凝胶乳胶

崔良琳高工经多年潜心研究，研发出 HS28 型反应性微凝胶乳液，可作多种建材的粘结剂与防水涂料的成膜物质，陈宏喜先生将它冷粘三元乙丙橡胶卷材、聚氯乙烯卷材、热塑性聚烯烃卷材、改性沥青卷材、氯化聚乙烯卷材、聚苯乙烯泡沫板、木板、金属薄板、

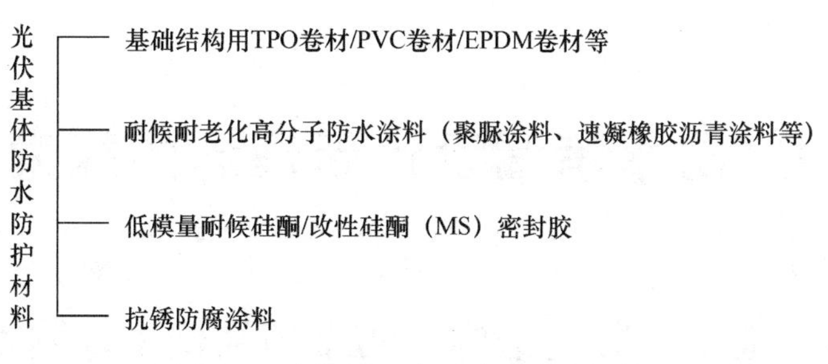

图 3-2　光伏屋面常用防水防护材料

陶瓷板等，均收到理想效果。粘贴材料时，显著特点是 24 小时可移动，不受初粘时间长短的限制，给胶粘他材带来矫正方位的便捷；配制涂料不掺增塑剂，涂膜－20℃柔韧。

3.7.15　丁基胶带

近 10 多年来我国胶带行业发展较快，品种也较多，其中丁基胶带别具特色，因丁基胶分子极性大，饱和度高，化学稳定好，可耐热、耐臭氧、耐化学药品，与多种结构体能永久地粘合为一体，构成“皮肤式”防水构造，无窜水的隐患。

胶带宽 4～12cm，胶层厚 1.2～2.0mm，长度可个性化定制。

胶带是防水行业重要的配套部件之一，功能广泛：可密封卷材搭接缝隙；可做异种建材的媒介“桥梁”；可铺敷修补裂缝与微小孔洞。

3.7.16　饮用水池用无毒环保防水涂料

这种涂料必须具备三个独特条件：一是长期耐水性强；二是无毒、无污染，不伤害人体；三是与基体粘结性好，长期不剥离。产品应严格执行饮用水池的国家专业标准。

3.7.17　“三防涂料”

江浙、上海多家企业生产防水、防霉、防结露的特种涂料，应用效果良好。烟台东禹防水防腐公司研发的 JRK-W 型三防弹性涂料，无毒不燃，可用于污水池、饮用水池防渗、防腐、防护。

3.7.18　地下水中混凝土渗漏修补材料。

（1）长江科学院研发了“丙烯酸-环氧树脂-聚氨酯共混料”。

（2）彭仕响先生研发了“丙烯酸-丁腈”水中不分散的混凝土/砂浆堵漏材料。

（3）有科技工作者研发了“黏土·水泥·纳基膨润土混合堵漏胶浆”。

4 防水堵漏设计新理念的探索

4.1 地下混凝土结构自防水与结构主体同寿命

建设工程（地上、地下建构物）的防水方案，应根据工程规划、当地气候特征、当地地质水文状况、结构设计、材料选择、结构功能与耐久性和施工工艺等因素确定。

地上建设工程有混凝土建（构）筑物、砖混建（构）筑物、金属建（构）筑物及交通桥梁等；地下建设工程包括建（构）筑物地下室（如地铁车站）、隧道、人防工程与综合管廊等，其中穿海、穿河地隧工程防渗防腐最为复杂艰难。

无论是地上或地下工程，混凝土结构体最为面广，是防水防护的主要对象。研究与实践证明，普通混凝土一般孔隙率达30%～40%，多种原因导致的裂缝也多。为减少这些缺陷，科技人员采取改进混凝土配合比与掺适量防水剂、密实剂等外加剂，提高了混凝土的密实性与抗裂功能，称之为防水混凝土。深化研究表明，防水混凝土还存在孔隙与裂缝，抵抗压力水侵蚀能力尚不够充足。近20年来部分高等院校与头部防水企业的科技人员进一步深化研究，在普通混凝土中掺入复合外加剂，提升混凝土的密实度与抗裂性，抗渗标号可达P8以上，称之为结构自防水混凝土。如广西大胡子防水科技有限公司20年前就潜心研究混凝土自防水技术，开发了DHZ-1混凝土外加剂复合液，多次荣获国内外发明大奖。

DHZ-1混凝土复合液是一种纳米结晶自密实剂，是目前国内结构自防水领域内仅有的一种多功能混凝土复合液，是多种外加剂经特殊工艺聚合而成的液态物质。产品获得国家发明专利，多次荣获国内外发明大奖。产品为淡黄色液体，绿色建材，不污染环境，对人体无害。DHZ-I复合液在广西南宁的地铁施工应用中得到业主肯定，相关研究成果被国家级学术刊物《大众科学》收录；2019年12月11日，广西大胡子防水科技有限公司"地下混凝土结构工程复合自防水技术"项目被国家住房和城乡建设部科技与产业化发展中心列为2020年全国建设行业科技成果推广项目，获奖证书编号：2019094。

4.1.1 DHZ-1复合液的性能指标

DHZ-1复合液性能指标见表4-1。

表4-1 DHZ-1复合液性能指标

序号	检测项目	指标
1	密度（g/cm^3）	$1.02 \leq D \leq 1.06$
2	氯离子含量（%）	≤0.01
3	总碱量（%）	≤1.0
4	固体含量（%）	$36.1 \leq X < 39.9$

注：本表根据国家混凝土制品质量监督检验中心（2018-2136号）检测报告编制。

4.1.2 内掺DHZ-1复合液自防水混凝土的性能

内掺DHZ-1复合液自防水混凝土性能见表4-2。

表 4-2 掺入 DHZ-1 混凝土复合液的受检混凝土主要性能指标

序号	检验项目			技术要求	检测结果
1	安定性			合格	合格
2	泌水率比（%）		≤	50	30
3	凝结时间差（min）	初凝		90	10
4	抗压强度比（%）	3d		100	119
		7d		110	113
		28d		100	107
5	渗透高度比（%）		≤	30	21
6	吸水量比（48h）（%）		≤	65	55
7	收缩率比（28d）（%）		≤	125	101
8	抗冻试验	强度损失率（%）	≤	25	8.7
		质量损失率（%）	≤	5	1.6

注：本表根据国家水泥混凝土制品质量监督检验中心（2018—2136 号、2018—2249 号）检测报告编制。

4.1.3 产品特点与优势

1）氯离子、碱含量低，氨气释放量小，对钢筋无锈蚀，环保安全。

2）单组分水性材料，易搅拌均匀，易分散渗透，易计量准确。

3）微膨胀，膨胀率为 0.6×10^{-4}，具有微膨胀补偿收缩功能，减少混凝土裂缝。

4）高效减水，掺 DHZ-1 的混凝土减水率大于 25%。

5）保水性好。

6）自密实，具有自愈功能，复合液在混凝土水化、硬化过程中产生大量的结晶体与凝胶体，堵塞混凝土微孔小洞和微裂缝，从而提高抗渗抗裂能力。

7）抗冻性好，冬期施工使用复合液，不需另加防冻剂。

8）对大体积混凝土，可降低水化热的温度峰值 30%左右。

9）能提高混凝土早期强度和 28d 强度。

10）掺 DHZ-1 复合液施工的地下混凝土工程，综合考虑，可节约成本与缩短工期 50%左右。

4.1.4 产品施工

1. DHZ-1 复合液用量

复合液分普通型与浓缩型两种产品。

普通型掺量：为胶凝材料的 3%～3.5%，后浇带、加强带掺量为 5%。

浓缩型掺量：为胶凝材料的 2.4%～3%。

具体用量根据各地的地材情况，通过现场试配确定。

2. 施工注意事项

（1）常温及冬期施工所用材料、搅拌、运输、浇筑、振捣、拆模、养护均按《混凝土结构工程施工质量验收规范》（GB 5024—2015）、《地下防水工程质量验收规范》（GB 50208—2011）及《建筑工程冬期施工规程》（JGJ/T 104—2011）有关规定执行。

（2）混凝土试配时，要考虑复合液对减少单位用水量的影响。现场搅拌应测定砂石骨料的含水并予以扣除。在满足泵送流动性的条件下，不宜将坍落度值取得过大。对夏季及长距离运输，要考虑坍落度的损失值。

（3）混凝土配制时，各组分材料要计量准确，投料顺序合理，并控制搅拌时间，以达到搅拌均匀，满足和易性要求。一般搅拌时间宜为2min，不得少于1min。

（4）工地现场装模牢固，严防模板拼缝错位、跑浆，不得过早拆模。

（5）拆模后对缺陷处及时用防水砂浆修补，对渗漏处进行化学注浆与表面修复。

（6）保温保湿养护时间不得少于14d。

（7）复合液供应商应派有经验的技术人员，协助土建公司监控混凝土配制、浇捣与养护，做好全程控制，并做好原始记录。

4.1.5 DHZ-1防水混凝土可靠放心

1. 合理设防

（1）主体结构：一级防水必须采用掺入DHZ-1复合液的结构自防水混凝土与不少于20mm厚的防水砂浆相复合的防水层；二、三级防水必须采用掺入DHZ-1复合液的结构自防水混凝土，可不设防水砂浆层。

（2）必须做好各种接缝防水处理与细部构造节点的柔性密实密封。

2. 终身质保、客户放心

传统地下防水工程质保期为5年，采用DHZ系列产品的地下防水工程质保期达20年，并将提供免费、终身质保服务，为行业首创。

3. 人保承保、客户安心

（1）DHZ系列产品的质量由中国人民财产保险股份有限公司承保。

（2）凡是因使用DHZ系列产品的质量问题导致的任何地下防水工程质量问题所造成的客户的一切损失，将由中国人民财产保险股份有限公司进行赔付。

4. 绿色环保、节能降耗

（1）DHZ节能环保百年结构自防水工程做到了节能降耗、零污染排放、无毒无异味、绿色环保，不污染地下水源。

（2）DHZ系列产品被“中国建筑材料流通协会”“中国建材市场协会”评为绿色建材产品、质量服务信得过产品。

（3）DHZ系列产品符合《地下工程防水技术规范》（GB 50108—2008）中3.3.1-1明挖法地下工程防水设防要求、《地下防水工程质量验收规范》（GB 50208—2011）和《人民防空工程质量验收与评价标准》（RFJ 01—2015）中相关条款规定。历经30余年，全国各地不同气候带1000多项地下工程实际应用案例均检测合格，满足防水设计要求。

地下工程结构自防水近10多年成为国内建筑行业研究热题之一，并不断取得新进展。湖北武汉天良新材料有限公司在喻幼卿教授的带领下，深化研究混凝土结构自防水，不断突破创新，取得良好的社会经济效益。湖南大胡子防水工程有限公司在谷合平高工的率领下，不但制定了混凝土结构自防水省级规范，而且在多地实践自防水工程中获得业主认可。可以预言，混凝土结构自防水必将星火燎原。

地上混凝土屋面是否可参照上述方案做混凝土结构自防水屋面呢？答案是“有待深化研究！”因地下工程少见阳光与紫外线直照，而且长期受水和水气侵蚀，适合以刚性防水为主。而屋面直接与阳光、紫外线及雨水直接接触，引起氧化、碳化和频繁变形，容易拉裂。因此屋面除本体密实密封外，必须以柔性防水为主，采取适应变形的措施，即外包铺贴柔性卷材或弹性涂膜，否则极易开裂渗漏。

4.2　屋面混凝土结构外加防水层宜附着于结构体表面

混凝土屋面防水构造的传统做法有正置式屋面与倒置式屋面两种形式，两者防水层均置于“空中楼阁”，不与结构板直接接触，潜伏渗漏隐患，可以说这是屋面渗漏的重要原因。屋面雨水来源如图 4-1 所示。

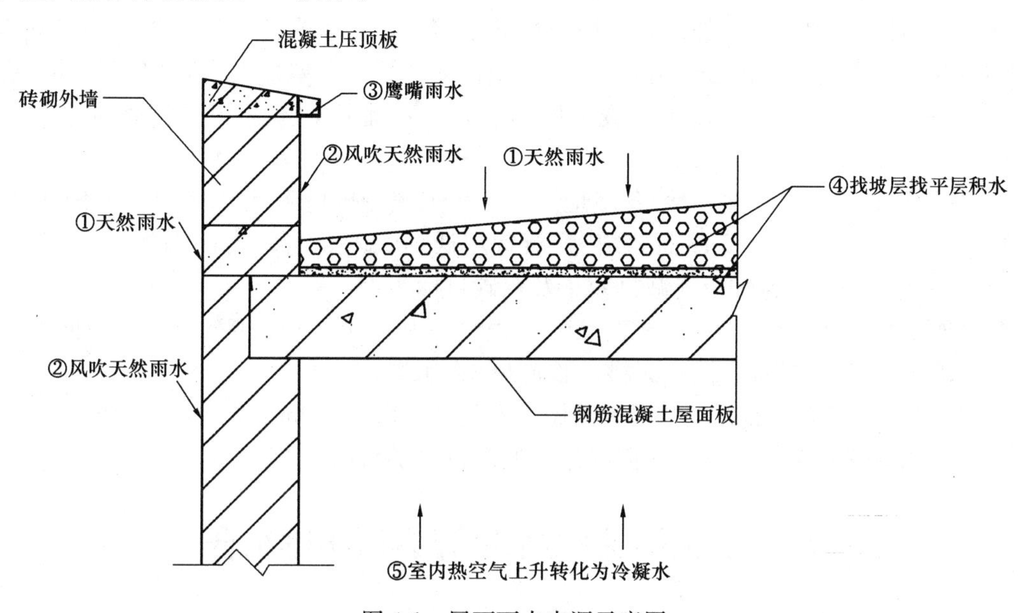

图 4-1　屋面雨水来源示意图

规范规定隔气层、防水层上翻 250mm 高能起一定的约束作用，但现场这些施工是粗糙的，隔气层不隔汽，上翻防水层附着在找平层表面，不能从根本上堵绝渗水通道，应当改善。

1）防水层直接附着于屋面结构板上，屋面构造如图 4-2 和图 4-3 所示。

（1）内保温外露型防水屋面构造

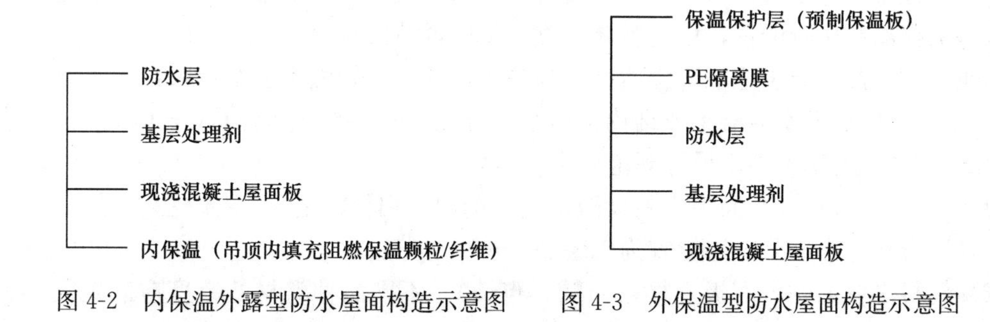

图 4-2　内保温外露型防水屋面构造示意图　　图 4-3　外保温型防水屋面构造示意图

（2）外保温型防水屋面构造

（3）混凝土预制板拼装屋面

① 民用住房建筑屋面板每室 1～2 块。

② 工业厂房或大型贮仓或大型公建预制拼装混凝土屋面，板宽可为 1.5～2m，板长可为 6～9m，由单体设计决定。

屋面在弹性密封膏嵌填拼接缝的前提下，板面直接做外露型卷材/涂膜防水层。

以上屋面构造的优越性如下：

· 屋面静荷载可减轻 10 倍左右。

· 构造层简单，便于维护保养与修缮/翻新。

· 防水层直接附着于屋面板，基层处理剂或涂料可渗透密实密封结构体的缺陷，主防水层牢固地全覆盖屋面，杜绝窜水现象，是根治渗漏的治本措施。

· 常温时段，内保温与外保温室内温度几乎接近；夏季炎热时段，外保温隔热性能优于内保温，实测屋面板内表面温度低于内保温 3～5℃；在寒冷时段，实测内外保温效果也几乎平衡。实践证明，夏热冬暖地区与夏热冬冷地区，屋面可做内保温也可做外保温。

· 优化设计后，在夏热冬冷/冬暖地区，一次工程造价可降低 50%以上；修缮/翻新工艺简化，比图 4-1、图 4-2 屋面修缮/翻新费用低 30%～50%，时间缩短 30%～50%，具有显著的社会经济效益和节能减排效果及双碳目标。

2）钢结构屋面：在做好细部节点密实密封的基础上，全面喷涂 2mm 厚防水涂料＋0.3～0.5mm 厚反辐射隔热防水涂料，形成无缝防水层。

3）刚性瓦材屋面：混凝土基层表面做涂卷复合防水 4～5mm 厚，其上浇捣 3cm 厚豆石混凝土，湿面平铺装饰瓦材，表面喷涂两遍有机硅憎水剂。

4.3　地下工程防水堵漏必须防排结合

地下工程防水的设计和施工应遵循“防、排、截、堵相结合”的原则。

有些人只注重防与堵，忽视排与截，其结果导致施工困难与竣工后长久防渗后患。个别工程因排水不畅，导致地下室长期积水，最终使地下空间停用。

地下工程防水的主要内容包括做好主体结构防水混凝土，细部节点密实密封，三缝处理及大面积防渗防水防腐。

地下工程排水包括防排水系统、地面挡水截水系统、工程各种洞口防倒灌措施。

地下工程渗漏比较严重，堵漏维修困难，可以说劳民伤财。

实践告诫我们，要想地下工程达到一级防水标准，必须做到五个保障：

1）结构主体做防水混凝土或结构自防水混凝土，强度等级达到 C30～C40，抗渗等级达到 P6～P8，配筋率不小于设计规范要求。

2）结构主体应在迎水面大面附设防水层，选用下列材料之一：

（1）聚合物防水砂浆，厚度宜为 12～20mm Ⅱ 型产品；

（2）卷材满粘铺贴（底板卷材可条铺、点铺），不同品种卷材的厚度应满足表 4-3 的要求。

（3）涂料防水层

① 有机高分子防水涂料：湿粘剂，涂膜厚度宜为 2～2.5mm 的聚氨酯/喷涂速凝橡胶沥青涂料/喷涂聚脲涂料。

表 4-3 不同品种卷材的厚度要求（mm）

卷材品种	湿面自粘改性沥青卷材		湿面自粘高分子卷材			聚乙烯丙纶复合卷材	高分子自粘胶膜	高聚物改性沥青卷材
	聚酯胎体	无胎体	三元乙丙橡胶卷材	聚氯乙烯卷材	层压交叉膜 PE 卷材			
Ⅱ级防水单层厚度（mm）	平面用≥4	立面用≥2	≥1.5	≥1.5	≥2	参照Ⅱ级防水，卷材≥（0.9+0.9）	≥1.5	≥4.0
Ⅰ级防水双层总厚度（mm）	3.0+3.0	1.5+1.5	1.2+1.2	1.2+1.5	1.5+1.5	卷材：≥（0.7+0.7）粘结剂：（1.3+1.3）	1.2+1.5	3.0+4.0

② 无机涂料宜选用 2mm 厚的渗透结晶型（CCCW）粉剂涂料。

③ 先喷 M1500/DPS，后涂有机涂料 1.5mm 复合防水层。

3）细部节点必须用涂料密实密封，并做附加防水层，宽 300mm 或 500mm。穿结构体的管线应预埋套管，不宜后凿孔开洞安装管线。

4）变形缝的缝距应根据现场实际通过计算设计，一般不大于 50m，缝宽宜为 30～50mm，变形缝的形式与构造应进行单体设计，并绘制施工详图。

施工缝距迎水面 1/3 处，应预埋膨胀橡胶棒，并刷聚氨酯涂料保护层。

5）地下工程应形成永久汇集、流径和排出等完整排水系统。排水沟的间距不宜太大，集水坑不宜太少，并安装限位自动排水装置。排水沟应放坡，确保排水畅通。

通风道的位置与形式值得深化研究，现有地下空间的通风系统多数流于形式，未起到防结露的应有作用。建议在侧墙增设排气窗。

4.4 金属屋面防水与金属板防锈蚀同等重要

金属屋面独具特色，值得推广。早期彩钢板屋面存在多方面缺陷：一是容易锈蚀，某屋顶铺盖彩钢板不到 3 年，锈痕斑斑，漏点星罗棋布；二是刚度不够，不好上人，作业人员小心选位站立；三是搭接密封不严，一遇大雨/暴雨，搭接部位渗漏严重；四是炎夏季节，屋面板温度高达 60～70℃，隔热保温功能差。

伴随而兴起的玻璃钢（网格布增强树脂）瓦逐步推广应用（有白色、蓝色品种），主要用于菜市场屋顶、工棚屋顶。此款屋顶单体尺寸一般为宽 1m、长 1.8m、厚 0.6mm 左右。瓦材能防渗漏，也不易锈蚀，但固定节点容易渗漏，不宜上人，维修困难，大雨暴雨时段嘀嗒响声不停。

在总结上述经验教训的基础上，科技人员开发了金属夹心板，上下面为金属薄板，中间夹着保温材料，具有防水和保温双重功能，而且能站人。此款瓦材单体尺寸为一般宽 1～1.2m、长 4～6m。只要将拼接缝密实密封，中、小雨不渗不漏，间歇式大雨、暴雨及 6 级风力也无破损，具有较好的社会经济效益。

在上述基础上开发了现代金属屋面，轻钢檩条与龙骨和薄板形成牢固网络，铺设高分子卷材防水，填充玻璃棉/矿棉保温吸声。固定件也进行改进，采用360°旋转锚固，一般不易渗漏。此款屋顶成为现代钢屋面主流，在工业厂房、大型物流贮仓及公共建筑方面，占据20%左右的份额，并呈增长趋势。

金属屋面一要重视防水，二要关注防腐，两者结合起来，才能确保运营安全。

4.5 厢体桥梁防水防护的有效工法

随着现代交通的发展，公路、铁路桥梁日益增多，据有关部门统计，我国既有桥梁有500多万座。桥梁一般分为混凝土厢体桥梁与金属桥梁两类，前者需防水防护，后者主要是防腐防锈，但也有混凝土与金属混建桥梁。

混凝土厢体桥梁防水防护一般包括下列内容：

（1）桥面防渗防护：20世纪90年代首先采用1.5mm厚普通氯化聚乙烯/焦油型聚氯乙烯卷材，发现局部剥离与耐候性欠佳。21世纪前10年改用4mm厚双面带砂高聚物改性沥青聚酯胎防水卷材，后又推行1.5～1.8mm厚胶粘专用桥路用氯化聚乙烯卷材。

（2）桥面卷材保护层分仓缝采用双组分聚氨酯密封胶。

（3）排水沟与人行通道采用高强（拉伸强度≥12MPa）2mm厚聚氨酯非黑色防水涂料。

（4）卷材搭接缝口采用聚氨酯密封胶封闭。

（5）施工时，卷材纵向不允许搭接，如桥长32m，则需铺设整长32m卷材；平立面连接处，卷材不允许弯折上翻立面，避免转折空铺，然后用聚氨酯密封胶封闭连接缝，如图4-4所示。

（6）桥梁厢体接缝防渗处理如图4-5所示。

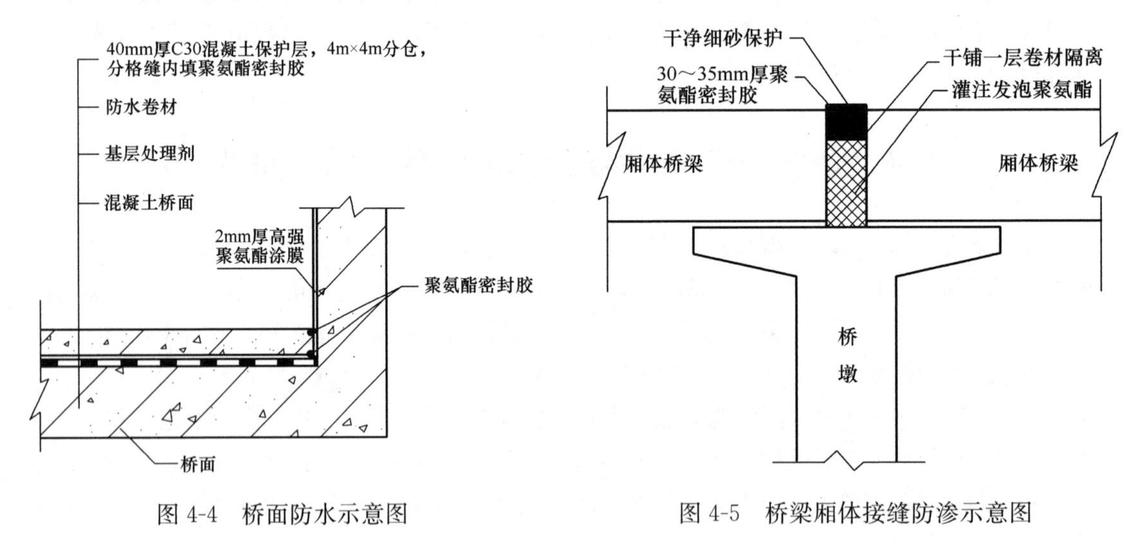

图4-4 桥面防水示意图

图4-5 桥梁厢体接缝防渗示意图

（7）桥面下厢体表面刮涂两次1.2mm厚聚合物环氧涂料或mmA聚酯涂料。

4.6 高速公路分厢缝防水堵浆的合理设计

混凝土高速公路分厢缝（分仓缝、分格缝），早期缝距4～6m，缝宽3～4cm，缝内嵌填石油沥青。此种做法会使沥青与混凝土极易局部剥离，引起向下渗水、向上返浆，并导致新裂缝与缝旁破损。

总结经验教训后，路面分厢缝作了如下改进。

（1）缝距根据路况实际，一般设计为3.5～4m，缝宽为20～30mm。

（2）分厢缝内嵌填柔性低模量改性沥青弹性密封膏，如图4-6所示。

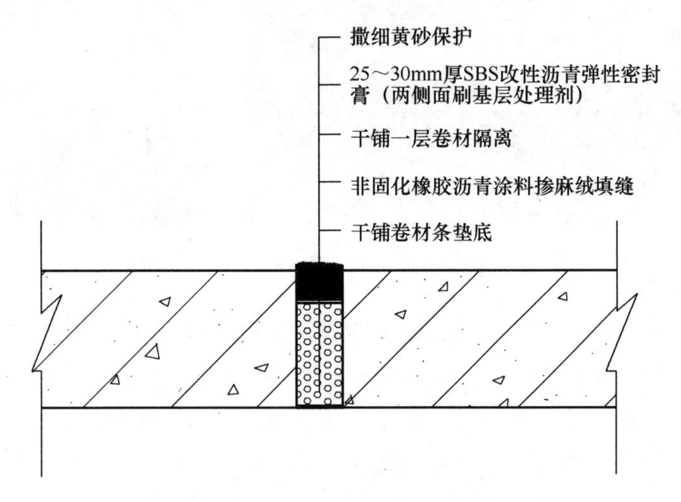

图4-6　公路分厢缝构造示意图

（3）道路纵向施工缝防渗处理：以往绝大多数工程对纵向施工缝不作任何防渗处理，有些刷一道水泥浆。这种做法极易渗水、返浆。后来有些刷一道CCCW渗透结晶材料，事实证明，无多大效果。继后改为刷/滚两道改性沥青柔性涂料，防渗止浆效果良好。

沥青路面高速公路与普通公路，目前多数亦参考上述方案处理防渗防返浆，收到了良好的社会效益与经济效益。

4.7　建（构）筑物外表面宜浅色

地上建（构）筑物外表面防水防护浅色化（非黑面），不但具有防渗、防护、装饰三重功能，而且是碳达标、环保节能的有效举措。

美籍华人科学家朱棣夫大师，20年前告诫人们："如果把所有路面和屋顶的颜色淡化成水泥色，那么因此减少的碳排放量可能相当于全世界汽车停驶11年。"

我国科技人员与防水装修技工，近一二十年来为建（构）筑物外表面浅色化，做了大量有益的探索与实践，取得了良好的社会效益和经济效益。

（1）多家公司开发了屋面反辐射隔热涂料，这种涂料既防水又隔热。实测白色屋面能反射80％以上的阳光，加上辐射作用，白色屋面反射90％～96％的阳光，大大减轻了阳光热对室内的侵蚀。

（2）"铜墙铁壁"外墙装饰，广东省与湖南省多家公司在修缮外墙时，清扫原基面后，喷洒特种铜墙·铁壁耐碱数码涂料，固结疏松砂浆，继而在其上绘制五颜六色彩图，再喷涂憎水保护液，建造了防水装饰新外墙，使破烂不堪的外墙焕然一新变新颜。如图4-7所示。

图 4-7 中级法院（左）瓷谷博览中心（右）

（3）李海涛用美术师的手笔，塑造靓丽外墙。他是 20 世纪 90 年代末毕业于湖北美术学院美术专业的美术师。文金兰是一名电算会计师。李海涛、文金兰夫妻于 21 世纪初来到湘潭，创办了“湖南治霖建设工程有限公司”，后加盟北京东方雨虹修缮公司。他们利用东方雨虹的防水装饰材料，立足三湘四水，辐射邻近多省，承接防水装饰工程。他们先后为中建三局、23 冶、五矿集团、广铁集团、鸿基房产、天元置业、盘龙置业、三神集团、奥园集团等大中型建筑集团，修缮了近百万平方米外墙，五彩缤纷，受业主青睐。

4.8 卷材与涂膜防水应有适宜厚度

卷材防水或涂膜防水，其防水层应有适宜厚度，因为防水层的厚度与耐候性、耐久性成正比关系。防水层太薄，肯定耐候风险大，耐用时间短；防水层太厚，造价偏高，脱离社会经济发展现状，亦浪费资源。

2019 年住房城乡建设部发布的全文强制式工程建设规范《住宅项目规范（征求意见稿）》中 2.2.1 规定：屋面与卫生间防水，工作年限不低于 20 年；地下室防水，不低于结构设计工作年限（50 年）；外墙保温系统，不低于 25 年。另外，地下综合管廊（共同沟），设计工作年限为 100 年，防水层的耐久性未作明确规定，但推测也不应少于 50 年。

要达到上述防水层、保温层的耐用年限，目前有关规范规程对防水、保温层厚度的规定，尚有较大差异。

根据我国现有技术、经济水平，参考国内外有关经验，今后一二十年卷材防水层、涂膜防水层的合适厚度建议参考表 4-4、表 4-5。

表 4-4 混凝土屋面卷材防水层厚度参考表（mm）

材料名称	防水层构造	材料厚度（mm）	备注
SBS/APP 改性沥青卷材	单层防水	≥5	热熔施工
	叠层防水	3+3	
有胎自粘改性沥青卷材	单层防水	≥4	普通自粘，改性水泥浆粘铺
	叠层防水	2+3	

续表

材料名称	防水层构造	材料厚度（mm）	备注
EPDM/PVC/TPO/CPE高分子防水卷材	单层防水	1.8～2.0	大面机械固定，搭接热风焊接胶粘
	叠层防水	1.2+1.2	底层条铺，面层胶粘
CPM反应粘卷材	单层防水	1.8～2.0	大面胶粘满粘，搭接自粘
	叠层防水	1.2+1.2	
涂卷复合防水卷材	非固化橡胶沥青涂料+防水卷材	涂料2.0+热熔沥青卷材3.5	涂料2.0厚+普通自粘改性沥青卷材3.0厚
		涂料3.0+高分子自粘卷材1.5	

注：1. 屋面防水层耐用年限≥20年；

2. 地下混凝土工程参考表4-4设计，非固涂料增厚1.5mm，耐用年限考虑≥50年；

3. 金属屋面防水亦参考表4-4设计。

表4-5　涂膜防水层厚度参考表（mm）

材料名称	防水层构造	材料厚度（mm）	备注
丙烯酸酯水性涂料	外墙防水装饰	2.0	一布四涂
	屋面独立防水	2.5	一布五涂
聚氨酯防水涂料	屋面独立防水	2.5	二布五涂
	地下工程独立防水	3.0	二布六涂
有机硅防水涂料	屋面独立防水	2.0	可不加增强材料
	地下工程独立防水	2.5	可不加增强材料
JS防水涂料	屋面独立防水	3.0	Ⅰ型产品，二布五涂
	外墙防水装饰	2.5	Ⅰ型产品，一布四涂
非固化橡胶沥青防水涂料	屋面独立防水	4.0	二布三涂
	地下工程独立防水	5.0	二布三涂
甲基丙烯酸甲酯防水涂料（mmA）	金属桥梁防水防腐防震	≥2.0	毋需贴布增强
硅酮防水涂料	地上工程屋面/外墙	≥1.0	毋需贴布增强

注：1. 涂膜耐用年限：屋面≥20年；外墙≥25年；地下工程≥50年；

2. 涂卷复合防水，涂膜厚度不得少于2mm。

国外铅金属屋面的耐久性有超400年的先例；国外陡坡屋面小品的耐久性有达100～200年的历史；我国古典建筑屋面也有长达一二百年不渗不漏的案例。如何汲取前人的精华，利用现代先进科学技术手段，开辟耐久性防水工程更长的华章，是我们防水人的历史重任。

过去几十年及现在，不少人在做防水保温工程时，恶性低价竞争，不顾国家利益与长远效益，这种毒瘤应该割除，扫清优质高效的障碍，我国防水事业才能健康发展。

4.9　外露防水层表面保护层的设想

国外经济发达国家防水层外露也不罕见，牛光全先生翻译日本2008年防水调查报道：

外露屋面防水中，采用沥青热粘工法的占 26.8%，PVC 片材占 25.4%，橡胶片材占 19.7%，改性沥青喷涂工艺占 8.5%，PU 涂膜占 7%，改性沥青常温工法占 7%……

外墙防水：丙烯酸涂膜占 37.5%，渗透性涂布防水占 21.9%，聚合物水泥系涂膜占 12.5%，PU 涂膜占 6.3%……

阳台、敞廊：PU 涂膜占 44.2%，PVC 片材占 16.7%……

屋面维修中，外露屋面 PVC 片材占 32.9%，PU 涂膜占 15.5%；外墙维修防水中，丙系涂膜占 57.1%，PU 涂膜占 14.3%，渗透性涂布占 14.3%。

阳台、敞廊维修：PU 涂膜占 60.9%。

笔者认为，无论是新建工程或既有工程修缮，屋面防水层或墙面防水层均可外露，设保护层有好处，形式可多种多样：热熔/热粘改性沥青卷材，可在工厂生产时，表面粘黄砂、白砂或彩砂或矿物粒料、片料和金属铝箔；高分子卷材表面可喷、刷反辐射隔热防水涂料；黑色涂膜表面在施工时可喷刷白色/浅绿、浅黄、浅蓝色涂料，或粘浅色砂粒；如果是外保温屋面，防水层上可铺盖隔热预制板或保温水泥砂浆。

4.10 涂卷复合防水

蠕变涂料与卷材复合防水是现今流行的新工法。基体先喷、刷 2～3mm 蠕变涂料，再铺设改性沥青卷材或高分子卷材。涂料可渗入基体微孔、小洞与裂纹，密实密封基体，提高抗渗能力。涂料可作卷材胶结剂胶粘卷材。蠕变涂料可在一定范围内滑动、伸缩，涂卷防水层当发生结构变形或冲击变形时，涂层可吸收变形应力，涂料变成了缓冲层，消除应力破损卷材。卷材厚度均匀，有较强的抗张性能，有一定的韧性，涂卷复合防水优势互补，形成“皮肤式”粘合，堵绝窜水，这种工艺工法可真正做到不渗不漏，经久耐用，是渗漏克星，是根治渗漏的灵丹妙药，应大力推广普及。

涂卷复合防水，要求涂料在一定厚度范围内发生蠕变，涂层太薄，蠕变能力衰减；要求卷材不但要有一定厚度，而且与涂料相容性要好，规避两层脱皮缺陷，只有两者抱团协调，才能发挥涂卷复合防水的功能。

涂卷复合防水在我国已有 30 多年的实践与应用历史。20 世纪 90 年代，四川省建材工业科学研究院有限公司冯际斌教授系统研究了这一新工法，撰写了《复合防水工法》专业论文，并在全国防水技术交流会上进行了宣讲，在行业内外引起强烈反响。

本世纪初自非固化橡胶沥青防水涂料技术传入我国以后，掀起了涂卷复合防水的热潮。首尔科技大学吴祥根教授团队多次来华传授经验，助推了非固涂料与涂卷复合防水技术在我国的发展。

5　施工机具与工装设备

工欲善其事，必先利其器。这是前人用血汗与智慧铸就的理念与真理。几十年来，我国防水人在实践中不断探索防水保温防护新机具新工装，助推了工法的创新，硕果累累。现简介部分机械机具，供同行借鉴。

5.1　常用工具机具

（1）榔头（有些地方叫锤子）：常用 6～8 磅，如图 5-1 所示。

（2）钢錾：有圆形尖錾与扁形平錾，如图 5-2 所示。

（3）小平铲（油灰刀）：刃口宽度有 25mm、35mm、45mm、50mm、65mm、75mm、90mm、100mm，刃口厚有 0.4mm（软性）与 0.6mm（硬性）之分，如图 5-3 所示。

图 5-1　榔头

图 5-2　钢錾

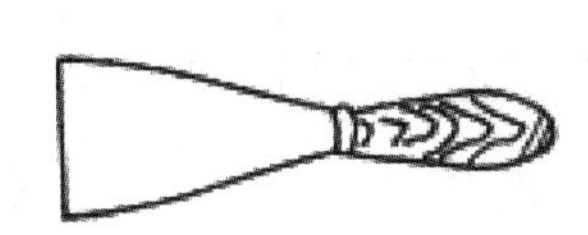

图 5-3　小平铲

（4）拖布（有些地方叫洗把、拖把），如图 5-4 所示。

（5）扫帚：有棕帚、竹帚、尼龙塑料帚，如图 5-5 所示。

（6）钢丝刷，如图 5-6 所示。

（7）钢抹子，如图 5-7 所示。

（8）铁桶、橡塑桶，如图 5-8 所示。

（9）油漆刷、滚刷，如图 5-9 所示。

图 5-4　拖布

图 5-5　扫帚

图 5-6　钢丝刷

图 5-7　钢抹子

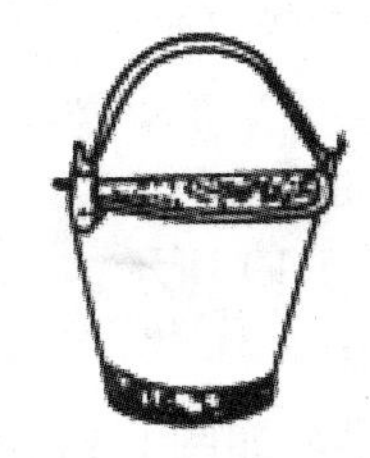

图 5-8　铁桶、橡塑桶

图 5-9　油漆刷、滚刷

（10）小压辊，如图 5-10 所示。

（11）手动打胶枪，如图 5-11 所示。

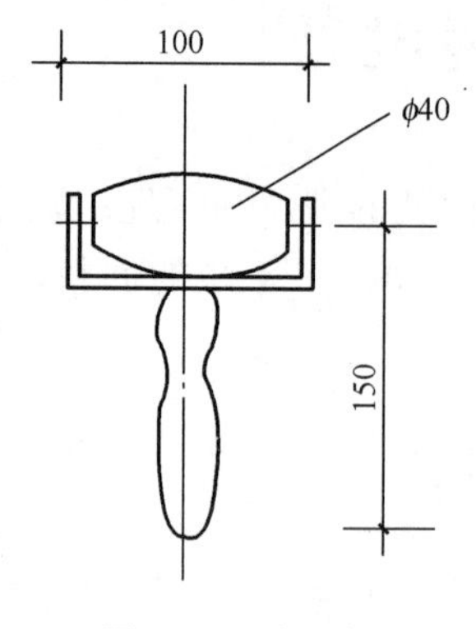

图 5-10　小压辊

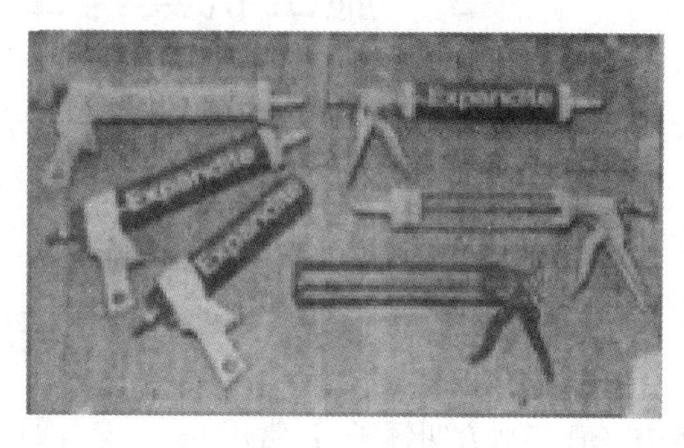

图 5-11　手动打胶枪

（12）胶皮刮板、铁皮刮板，如图 5-12 所示。

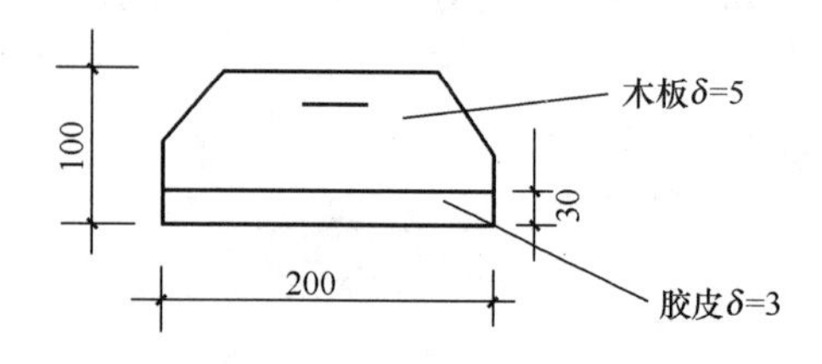

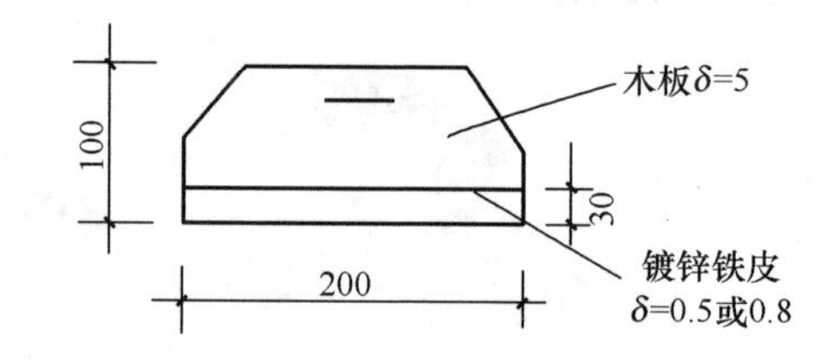

图 5-12　胶皮（或铁皮）刮板

（13）长柄刷，如图 5-13 所示。

（14）镏子，如图 5-14 所示。

（15）气动挤胶枪，如图 5-15 所示。

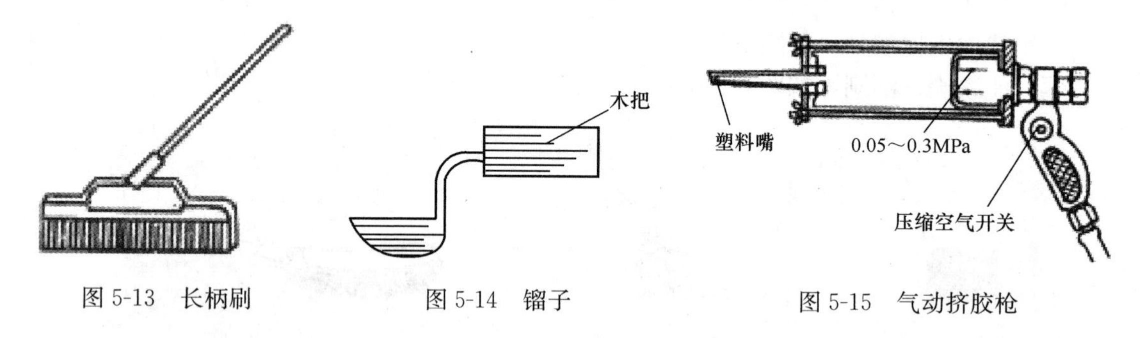

图 5-13　长柄刷　　图 5-14　镏子　　图 5-15　气动挤胶枪

（16）磅秤：15～50kg，如图 5-16 所示。

（17）电子秤，如图 5-17 所示。

（18）皮卷尺：50m，如图 5-18 所示。

（19）钢卷尺：2000mm，如图 5-19 所示。

（20）手动电钻，如图 5-20 所示。

（21）电动吹尘器、吸尘除湿器，如图 5-21、图 5-22 所示。

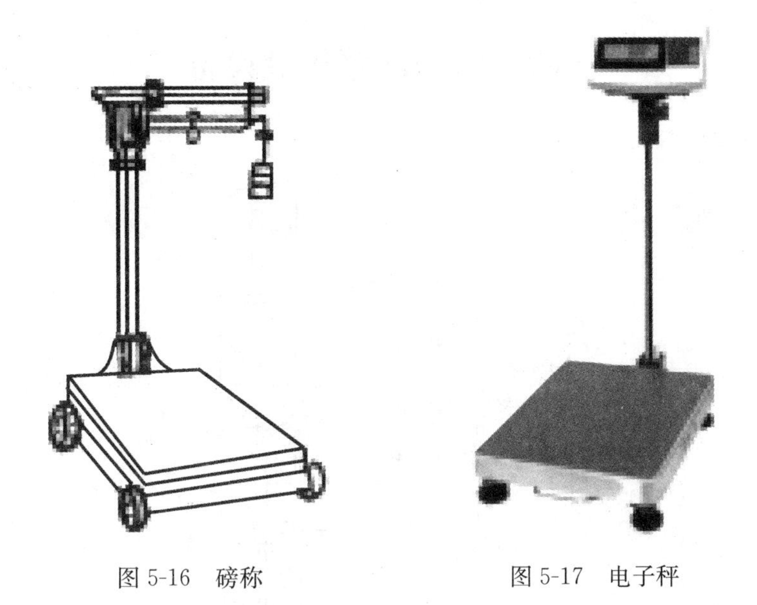

图 5-16 磅称　　图 5-17 电子秤

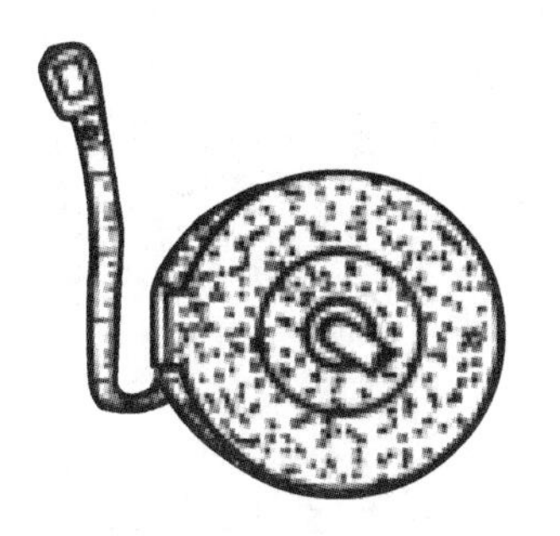

图 5-18 皮卷尺

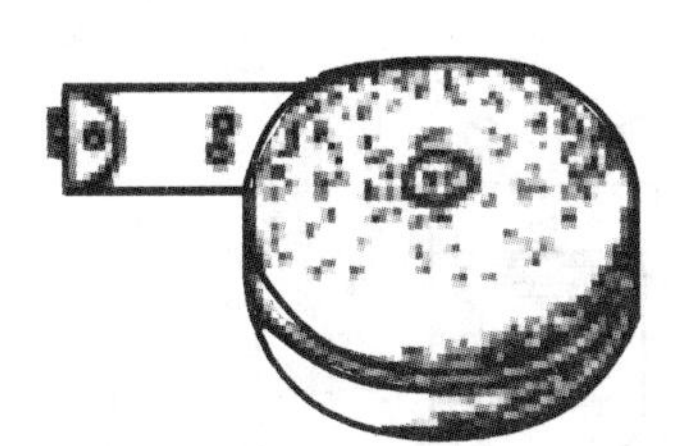

图 5-19 钢卷尺

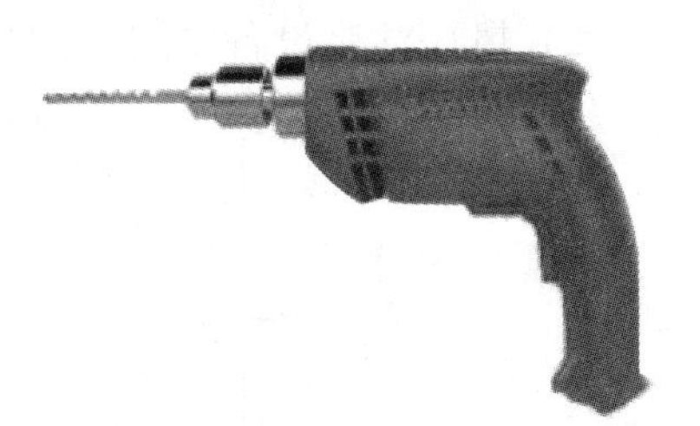

图 5-20 手动电钻

图 5-21 电动吹尘器

图 5-22 吸尘除湿器

以上工具机具数量视工程量大小与进度要求及劳力多少决定。

5.2 常用注浆机械设备

（1）手掀泵（图5-23）

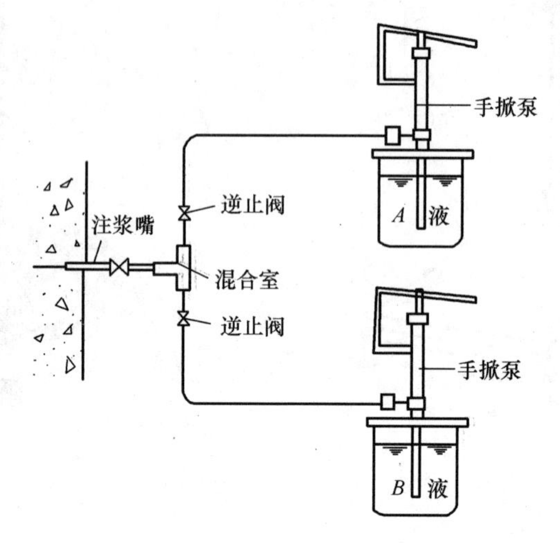

图5-23 手掀泵注浆示意

（2）风压注浆设备（图5-24）

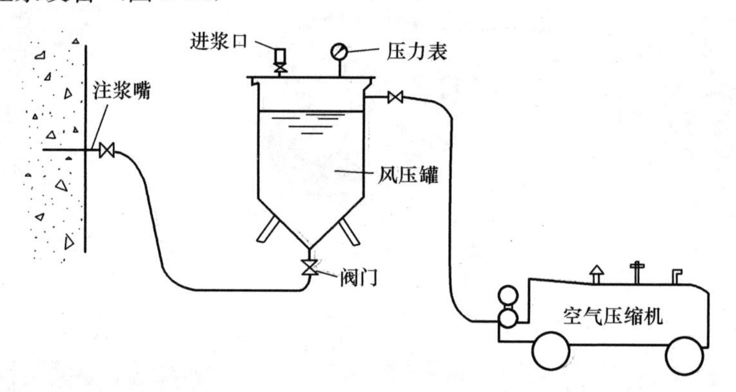

图5-24 风压注浆系统示意

（3）气动注浆设备（图5-25）

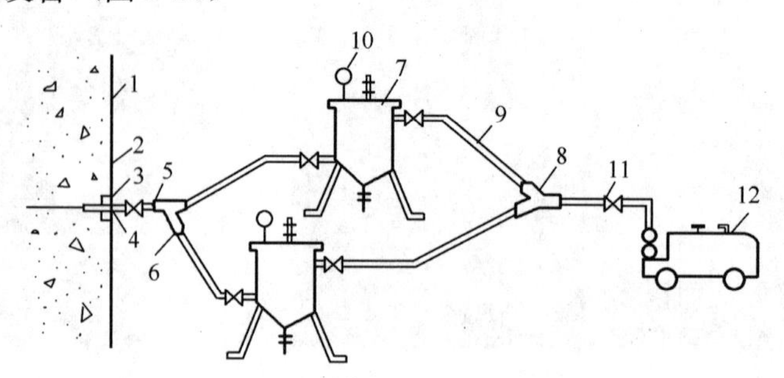

图5-25 气动注浆设备

1—结构物；2—环氧胶泥封闭；3—活接头；4—注浆嘴；5—高压塑料透明管；6—连接管；7—密封贮浆罐；8—三通；9—高压风管；10—压力表；11—阀门；12—空气压缩机

（4）电动注浆设备（图 5-26）

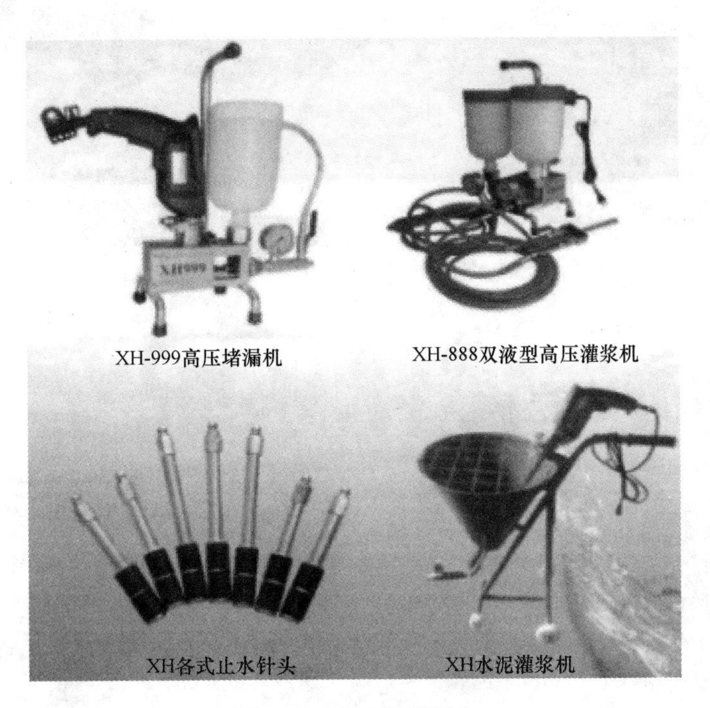

图 5-26　电动注浆设备

（5）意大利注浆机（图 5-27）

图 5-27　意大利注浆机

（6）广东某公司使用的堵漏注浆设备（图 5-28）

（7）重庆华式泵系列设备

① HS-GJ300 高速制浆机（水灰比为 0.4），如图 5-29 所示。

② HS-GJ300W 高速制浆机（水灰比为 0.25），如图 5-30 所示。

图 5-28　堵漏注浆设备

图 5-29　HS-GJ300 高速制浆机

图 5-30　HS-GJ300W 高速制浆机

③ HS-WB2 型卧式注浆泵——锚杆、锚索注浆，固结、回填注浆，如图 5-31 所示。

④ HS-JB2 型带搅拌注浆泵搅拌灌注一体化，如图 5-32 所示。

⑤ HS-B5 型注浆泵——锚索、锚筋桩注浆，固结、回填注浆，如图 5-33 所示。

图 5-31　HS-WB2 型卧式注浆泵

图 5-32　HS-JB2 型带搅拌注浆泵

图 5-33　HS-B5 型注浆泵

⑥ HS-BP2 型喷浆泵——预拌砂浆及现场搅拌砂浆喷涂，如图 5-34 所示。

⑦ HS-BP5 型喷浆泵——预拌砂浆及现场搅拌砂浆输送和喷涂，如图 5-35 所示。

⑧ HS-B02 型注浆泵——防水加固、化学注浆，如图 5-36 所示。

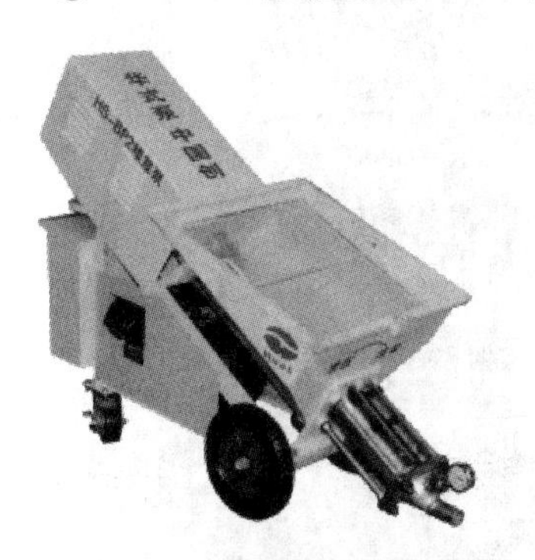

图 5-34　HS-BP2 型喷浆泵

图 5-35　HS-BP5 型喷浆泵

图 5-36　HS-B02 型注浆泵

⑨ HS-B03 型注浆泵——防水加固，化学注浆，防盗门注浆，如图 5-37 所示。

⑩ HS-B1 型注浆泵——土钉、锚杆注浆，小型固结、回填注浆，如图 5-38 所示。

图 5-37　HS-B03 型注浆泵

图 5-38　HS-B1 型注浆泵

⑪ HS-B2 型注浆泵——锚杆、管棚注浆，固结、回填注浆，如图 5-39 所示。

⑫ HS-XB5 型自吸式灌浆泵——基础灌浆、桥梁压浆、污水污泥输送，如图 5-40 所示。

图 5-39 HS-B2 型注浆泵

图 5-40 HS-XB5 型自吸式灌浆泵

⑬ HS-XB8 型自吸式灌浆泵：基础灌浆、桥梁压浆、污水污泥输送，如图 5-41 所示。

(8) JHPU-111B235 型聚氨酯喷涂与浇注设备如图 5-42 所示。

图 5-41 HS-XB8 型自吸式灌浆泵

图 5-42 JHPU-111B235 型聚氨酯喷涂与浇注设备

(9) 浙江省永康市步帆防水灌注喷涂设备厂创新发展的注浆喷涂设备。如图 5-43 所示。

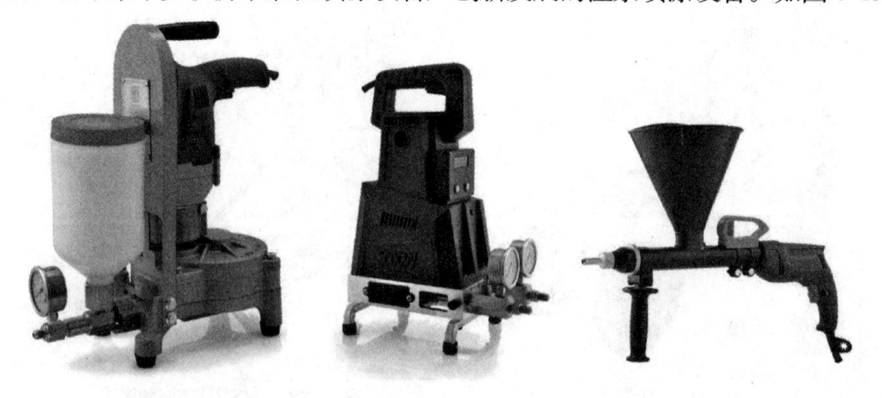

图 5-43 浙江省永康市步帆防水灌注喷涂设备厂创新发展的注浆喷涂设备（一）

图 5-43　浙江省永康市步帆防水灌注喷涂设备厂创新发展的注浆喷涂设备（二）

5.3　其他防水施工机械设备

（1）切割分格缝机械（图 5-44）

（2）密封膏嵌缝机械（图 5-45）

图 5-44　切割分格缝机械

图 5-45　密封膏嵌缝机械

(3) 沥青橡胶油膏气动灌注机（图 5-46）

图 5-46　沥青橡胶油膏气动灌注机

(4) 热熔改性沥青卷材多头喷枪（图 5-47）

(5) 东方雨虹科技公司研发的改性沥青卷材轻型自动摊铺车（图 5-48）

图 5-47　多头喷枪

图 5-48　智能型热熔防水卷材摊铺车
（重 170kg，施工效率 3～10m/min）

(6) 喷涂两用 HS-P05 灌喷机（图 5-49）

(7) 微声侦听测漏仪（图 5-50）

图 5-49　喷涂两用 HS-P05 灌喷机

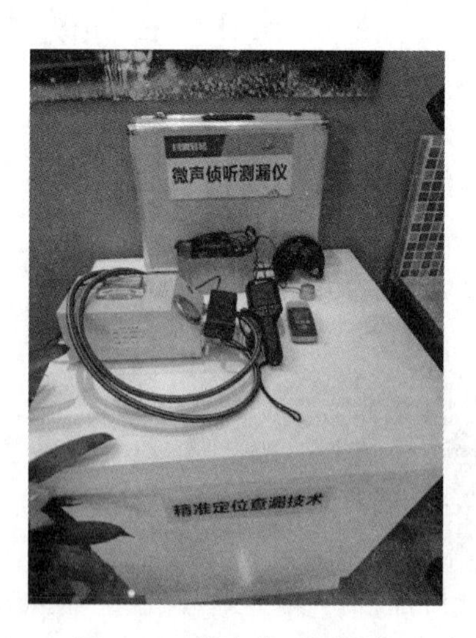

图 5-50　微声侦听测漏仪

6　防水堵漏创新工法

6.1　高度重视混凝土基层处理

基层要求坚实、平整、密实、干净，平面适当放坡。产品不宜湿面施工的基层要求干燥，含水率不大于 9%。具体做法如下：

（1）基层必须坚实，不允许疏松、强度不低于设计要求。如遇基层局部松散，应该剔除，重新用高强豆石混凝土或聚合物防水砂浆修补密实平整。如既有屋面大面积找平层开裂、疏松，喷涂渗漏性胶浆重塑平整牢固基面。

（2）基层必须平整（弧顶除外），一般建、构筑物的平整度用 2m 长靠尺检查，最大空隙不得大于 3mm；道路、桥梁的平整度用 1m 长靠尺检测，最大空隙不得大于 2mm。基层表面不要求光滑，宜为平整粗面。

（3）基层必须密实，尽量降低空隙率与减少裂纹，存在肉眼可见的孔洞与裂纹，刮涂环氧胶泥/环氧涂料修整。

（4）基层必须干净，清除杂物、垃圾，浮浆、浮渣必须铲除，不宜用吹尘器吹散浮尘，宜用图 5-22 所示的行走式电动吸尘器吸取浮尘与残存水分。

（5）平基层应适当放坡，促进排水畅通。平屋面宜结构放坡 3%以上，檐沟、天沟放坡宜为 0.5%～1%，道桥放坡宜为 1.5%～2%。

（6）非湿面施工的基层必须干燥，含水率不大于 9%，可用湿度检测仪检查。无湿度检测仪的，可在基面干铺一层 $1m^2$ 左右的卷材或牛皮纸静置观察 3～4h，掀起覆盖物表面无水珠与基面无湿痕，即可达到干燥度要求。

（7）穿屋面或墙体管线的孔洞，应预埋金属或塑料套管，并用弹塑性密封胶密实密封。接触界面与节点应密封严实（图 6-1），不允许在竣工防水层后擅自凿孔打洞，安装管线后随便嵌填水泥砂浆。

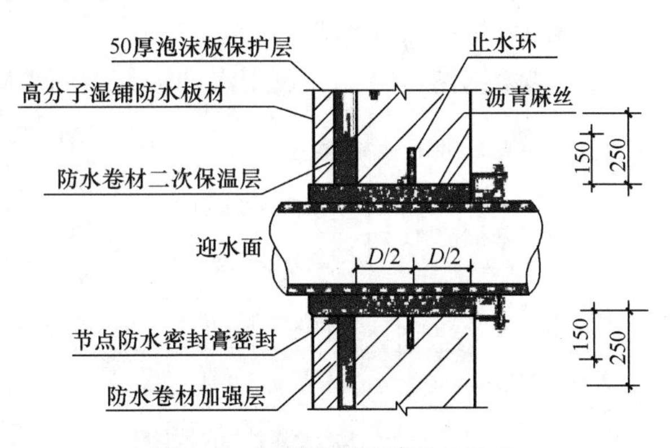

图 6-1　套管式穿墙管防水构造

（8）对大面与细部喷涂一道基层处理剂，用量不少于 0.3～0.5kg/m^2。

（9）在上述基础上，连续喷水 0.5h 无渗漏，方可进行后续施工。

中建 22 冶对湘潭“市民之家”2 万多平方米屋顶的基层，按上述工艺工法处理，防水效果良好。湖南禹林防水工程有限公司近 20 多年来，所承接的新、旧防水工程重视基层的密实密封与加固处理，工程验收合格率 100%，得到用户认可与青睐，故业务与日俱增。

6.2 基层处理剂喷涂工法

无论是混凝土屋面、金属屋面、瓦材屋面或地下工程、桥梁工程，卷材与涂膜防水均应在干净基面涂布基层处理剂，其涂布方法有刷涂、滚涂、刮涂（抹涂）及喷涂，前3种是传统工法，喷涂是创新工法。喷涂有许多优点：涂布速度快，大面一般3人作业，1人配料，1人掌控喷涂机，1人持枪喷洒，3人1个工日（8h）可喷涂1500～1800m²，可大幅提升工作效率；在一定压力作用下浆液可渗入基面的微孔小洞及裂纹，提升基面的密实度，且涂布均匀，减少1%～2%的损耗，节约工程成本，具有良好的经济效益。

喷涂材料多数是改性乳化沥青，也有改性高分子橡塑乳液，根据基材特征与防水主材的特性选用，总的要求是基层处理剂必须与基面和防水主材具有良好的相容性。

喷涂机械有大小和轻重之别，无气喷涂机重量范围在0.7～1t，轻型喷涂机重量范围在20～50kg/台，根据基层处理剂的特性与现场工况实际选定。

6.3 防水卷材几种创新铺设工艺

防水卷材有改性沥青卷材与高分子卷材，也有自粘卷材，其铺设方法有许多相同工艺，但也有个性化要求。

6.3.1 热粘工法

（1）热玛𤬣脂粘贴卷材：一般在基面均匀刮涂2mm厚热沥青胶，随即滚铺卷材，将卷材满粘于基面，并辊压密实平整。卷材搭接采用热熔粘接，搭接宽度：地上工程为80mm，地下工程为100mm。搭接缝用密封膏封盖严实，宽8～10mm。此工法卷材冷至常温，随即可进行后续作业。

（2）热熔铺贴卷材：一般用汽油喷灯或丙烷喷枪对卷材待贴面与基面加热，待沥青胶熔融且呈亮黑色时，随即用铁辊压实平整，并排除层间空气。卷材搭接部位亦用火焰双面加热，随即辊压密实平整，并用密封膏将搭接缝密封严实。卷材搭接宽度：地上工程为80mm，地下工程为100mm。

液化气喷枪热熔施工的喷嘴有单头与多头（常见2～9头）之分，通常采用单头喷枪。

近10多年来，公路、大面平屋顶施工改性沥青卷材，逐步推行摊铺机机械化铺贴，又快又好。

热施工法一般不适用于陡坡与立面作业。

6.3.2 冷施工法

冷施工方式多种多样，如图6-2所示。

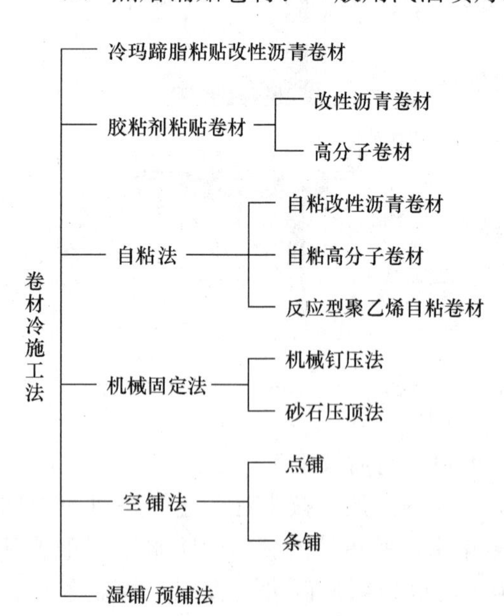

图6-2 卷材冷施工法示意图

冷施工法可用于平面、坡面与立面，优越性甚多，具有安全性好、节能减排等特点；空铺法更适合于防水层上有重物覆盖或基层变形较大的场合，是一种克服基层变形导致拉裂卷材防水层的有效措施。

一项防水工程究竟采用何种工法施工，应根据建筑部位、使用条件及施工气温状况决定。

拉伸强度较低的无胎卷材，忌讳热粘贴。某工程用非固化橡胶沥青涂料，热贴一种高延伸率的无胎卷材，粘贴后外形规整，但完全冷却后，皱纹满面，实在难堪，并存在局部拉裂卷材的现象。

聚乙烯丙纶复合卷材，忌讳高温时段铺贴。某工程在炎夏强阳光下，用水泥素浆铺贴卷材，当时平整顺直，但 1 小时后，普遍剥离鼓泡。后采取如下措施才顺利作业：高温时段，首先对干燥基面与卷材同时洒水湿润，让其吸饱水分，然后对基面与卷材待贴面满刮水泥浆，抹平压实，粘贴后对卷材喷水湿养 2～3h，才破解鼓泡难题。

6.4 涂膜防水喷涂工法

涂料防水可采用刷涂、滚涂、刮涂及喷涂方法，前 3 种是传统工法，喷涂是创新工法。传统工法工效低，但它是小面积施工与细部节点处理的有效方法，尤其在无电源环境下，仍是主要作业方法。

喷涂工法优越性甚多：工效高、进度快。3 人配合，平面喷施一道，一个工作日一台机械可完成 1500～1800m^2；涂布均匀，可节省 1%～2%的用料；借助一定的压力，浆液可渗入基体微孔小洞或裂纹，助推基层密实密封，增强抗渗功能；可减轻工人的劳动强度。因此，应积极推广喷涂工法，大面道路、桥梁、屋面、墙体、池坑、隧洞等都可采用。

喷涂机械有大有小，无气喷涂机重量范围为 0.7～1t，小的重量范围为 20～50kg/台。应根据涂料特性、工程大小、工况状态选用。

6.5 密封胶嵌填工法

不定型密封胶有单组分、双组分及多组分的多款产品，应根据其使用功能、工程部位、材料特性、耐久性要求及施工环境气温等条件选用。

不定型密封胶有筒装、袋装及桶装等包装形式，应根据使用功能与施工条件选用。屋面、地面、道路用量大的工程，选用桶装的可节省包装费用；立面、拱顶、门窗宜选用筒装产品；玻璃幕墙亦应选用筒装硅酮胶产品。

不定型密封胶施工主要工法如下所述。

6.5.1 批刮工法

量大面广的分格缝（分仓缝、分厢缝），先将缝槽清理干净，然后对缝槽两侧涂刷基层处理剂，继而对缝槽干铺清洁的泡沫棒或干净的砾石粗砂至上口以下 25mm 处，再干铺一层卷材作隔离层，最后用油灰刀（腻子刀）刮批密封胶，并压实修饰成弧形，表面撒干净细黄砂/白砂，并轻压粘结覆盖（图 6-3）。

分格缝也可按上述工序施工，热灌热熔型弹性橡胶、弹性树脂密封膏。

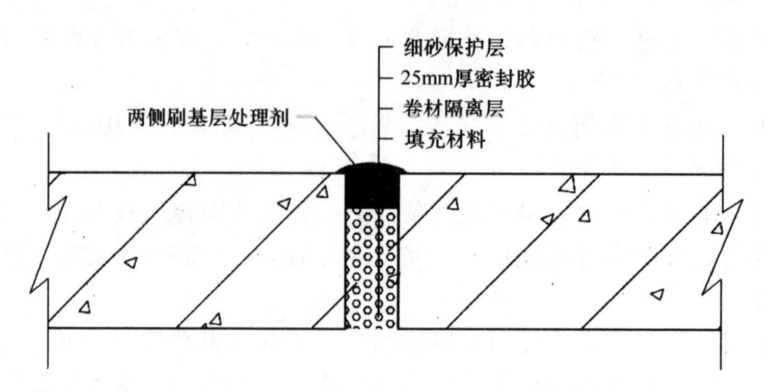

图 6-3　分格缝刮批密封胶示意图

6.5.2　门窗玻璃与玻璃幕墙嵌缝工法

一般门窗用单组分筒装密封胶，如耐候硅酮胶或改性硅酮胶。玻璃幕墙用硅酮结构胶。筒装密封胶多数用嵌缝枪（图 6-4）挤出嵌填作业。

规范的打挤胶嵌填作业程序如下：

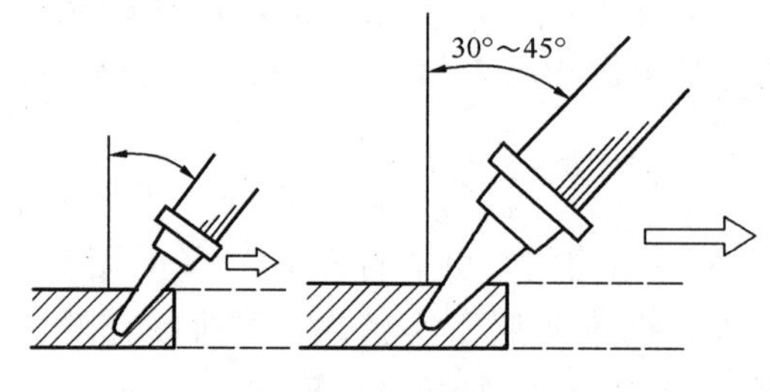

（1）挤出枪嵌填

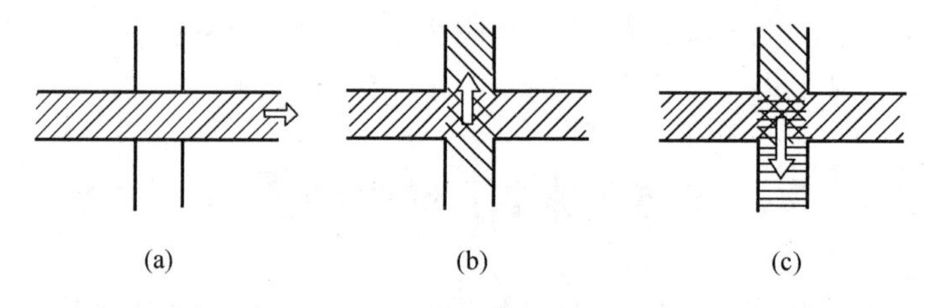

（2）交叉接缝的嵌填

（a）先填一个方向接缝；（b）、（c）将枪嘴插入密封材料内填另一方向接缝

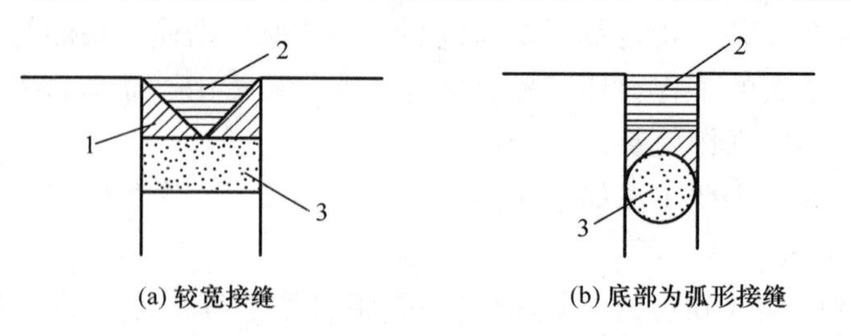

（3）二次嵌填密封材料

1—第一次嵌填；2—第二次嵌填；3—背衬材料

图 6-4　嵌填作业

（1）缝槽清理：用铲刀与毛刷清除杂物、浮浆、浮渣，用电动吹尘器清除浮尘，用清洗剂正乙烷或汽油或洗洁精清除油污与隔离剂。

（2）粘贴防污带（纸胶带或塑料胶带）：其作用有两个，一是防止缝口外表面被污染，二是保持密封胶两侧边线规整平直。

（3）涂刷底涂料：应涂布均匀，不堆积、不露底，干后立即嵌胶。

（4）冷嵌密封胶：用嵌缝挤出枪进行嵌填，根据接缝尺寸的宽度选用合适的枪嘴，把包装筒的塑料嘴斜切开作为枪嘴，对准接缝，紧压接缝底部，并沿移动方向斜倾一定角度，从底板开始充满整个接缝，并用腻子刀把密封胶压实，上口表面刮成弧形，并撒细砂轻轻抹压粘结。

（5）揭去防污带：密封胶初步凝固成形后，用毛刷清扫缝槽上表面两侧杂物，用靠尺离缝 5mm 压边，用小刀沿靠尺割断纵向防污带，呈 45°将防污带卷成筒状放入垃圾箱内，并沿缝用铲刀铲除板面附着物，彻底清理干净。

（6）自然养护：施工后 24h 内，避免杂物污染与雨水冲刷和人为破损，使用期间内常观察变化情况，出现缺陷及时修补。

6.6 注浆堵漏新工法简介

6.6.1 混凝土深长结构裂缝修缮

基层未做防水层前，基体出现深长裂缝或贯穿裂缝渗水，应沿缝先剔 U 形槽 40mm 深左右，清理干净后，嵌填聚合物防水砂浆，分层压实填满，表面骑缝粘贴 300mm 宽丙乳胶浆 2mm 厚覆盖加强。若使用中仍然出现局部渗漏，则采取注浆工法修缮，具体做法是：离缝 50mm 打斜孔（孔距 30cm），两侧成梅花状布孔，干净后压注油溶性聚氨酯注浆液或锢水止漏胶，3～4h 后拔掉注浆嘴，用聚合物防水砂浆填充压实，如图 6-5 所示。

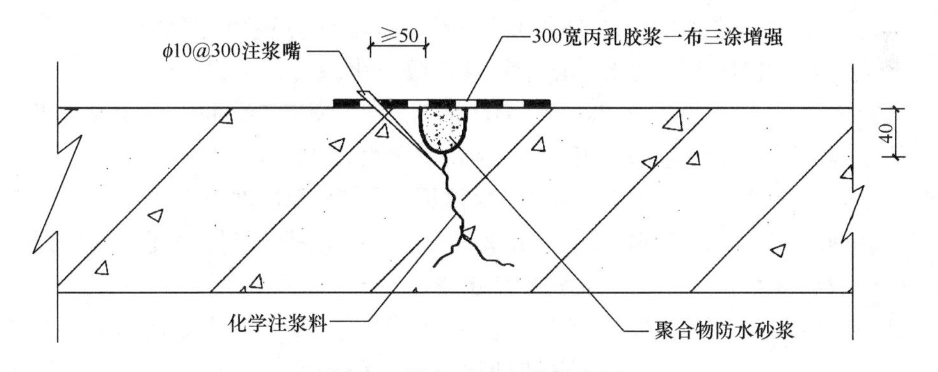

图 6-5 深长裂缝注浆示意图

6.6.2 混凝土正置式或倒置式屋面渗漏修缮工法

（1）不开挖局部散点渗漏修补方法：①确定修补场：距渗漏点 50cm 范围内为修补场；②修补场内钻孔 ϕ8mm，深至结构板面，孔距 30cm 左右，清除孔内杂物；③压注（压力 0.2～0.3MPa）油溶性聚氨酯注浆液或锢水止漏胶，恒定 1～2min 时间停止作业。3h 后二次压灌（压力提高 0.1～0.2MPa）浆液；④4h 后拔掉注浆嘴，填充聚合物防水砂浆封孔密实；⑤表面刷涂 2mm 厚丙烯酸防水涂料（一布四涂）。

（2）大面渗漏修补方法：①不开挖，呈梅花状钻 ϕ14mm 孔，孔距 1.5m（渗漏严重处孔距为 1m），清除孔内杂物；②压注（压力为 0.3MPa）聚合物乳液（丙烯酸乳液/EVA 乳液/氯丁胶乳）改性水泥浆（乳液为水泥重量的 20%，加适量水拌匀），恒压 1～2min。3h 后二次压灌（压力提高 0.1～0.2MPa）改性水泥浆；③4h 后拔掉注浆嘴，灌入改性水泥浆封孔；④最后大面喷涂 1.5mm 厚丙烯酸白色或彩色防水涂料。

如果屋面内有积水，应适当开槽埋设带孔直径为 50mm 的塑料管（表面包扎聚酯无纺布）排汽排水，槽口上面用聚合物防水砂浆填充刮平。

（3）节点细部渗漏修补：不开挖，三向斜钻孔至结构板，压注油溶性聚氨酯堵漏液，表面增加 1.5mm 厚涂料附加层。

6.6.3　涂膜外墙渗漏修缮方法

（1）窗框边渗漏：窗框周边适当剔槽，干净后批刮耐候硅酮密封胶，扩大 20cm 涂刷 1.5mm 厚丙烯酸浅色防水涂料，并夹铺一层玻纤布/聚酯无纺布增强。

（2）窗台渗漏：窗台必须放坡排水，界面缝用硅酮胶密封严实。

（3）落水口渗漏：阳台落水口周边嵌填密封胶，并要求排水口低于阳台平面 2～3mm。

（4）排水管靠墙处渗漏：靠墙落水管与墙体连接处，用环氧聚合物防水砂浆刮压密实平整，拉结金属箍做防锈处理。

（5）涂膜墙面局部开裂刮涂丙烯酸防水涂料修补；深长裂缝剔槽嵌填耐候密封胶后，骑缝刮涂 10cm 宽 1.5mm 厚丙系浅色防水涂料夹贴一层玻纤布/无纺布增强。

（6）涂膜墙面大量裂纹或严重渗水，在修补裂缝、孔洞的基础上，做好细部节点密实密封后，应大面喷涂 1.5mm 厚浅色丙系防水涂料修缮。

（7）瓷砖墙面渗漏：先用聚合物乳液修补拼缝，再大面喷涂一道有机硅憎水剂避水。

6.6.4　地下室（含地铁车站、人防办公室、配电房等）渗漏堵漏工法

1. 底板渗漏修缮

（1）疏通引水槽、排水沟，并放坡 0.5%～1%，形成畅通的排水网络。并安装限位自动排水设施，及时将地下室的水分排至室外市政排水系统。

（2）底板渗漏点：距渗点 5～8cm 三向各斜钻 1 个 ϕ8mm 孔洞，深至结构板上表面，分别安装注浆嘴压灌（压力为 0.2MPa）油溶性聚氨酯堵漏液或锢水止漏胶。3h 后复灌一次，无渗漏后，拔除注浆嘴，用 1/2 速凝“堵漏”与 1/2 聚合物防水砂浆混合料，将孔洞封堵密实，表面 ϕ300mm 范围内刮涂 2mm 厚混合料夹贴一层玻纤布/无纺布增强。

（3）底板裂缝渗水，按图 6-5 所示方案处理。

（4）柱根周边渗水：沿界面缝剔 5cm 深 U 形槽，干净后，嵌填混合料，压实刮平，表面刮涂 2mm 厚 50cm 宽混合料夹贴一层玻纤布/无纺布增强，平立面各 25cm 宽。也可不剔槽，对柱根周边各斜钻 8mm 孔，压灌混合料，再刮涂 50cm 宽涂料加强，平立面各 25cm。

（5）墙根渗漏：第一步先排水清理干净，然后在平立面连接处斜钻孔 ϕ8mm，间距 30～50cm，继而安装注浆嘴压注（压力为 0.3MPa）锢水止漏胶，3h 后复灌一次，拔除注浆嘴，用复合料封堵孔洞。第二步，铲除平立面原找平砂浆，干净后喷涂 M1500/DPS 渗透液两道，再抹刮混合浆料与原表面平齐。如图 6-6 所示。

（6）后浇带渗漏修补：第一步初步清理，仔细观察渗漏点与渗漏缝，做好标志；第二

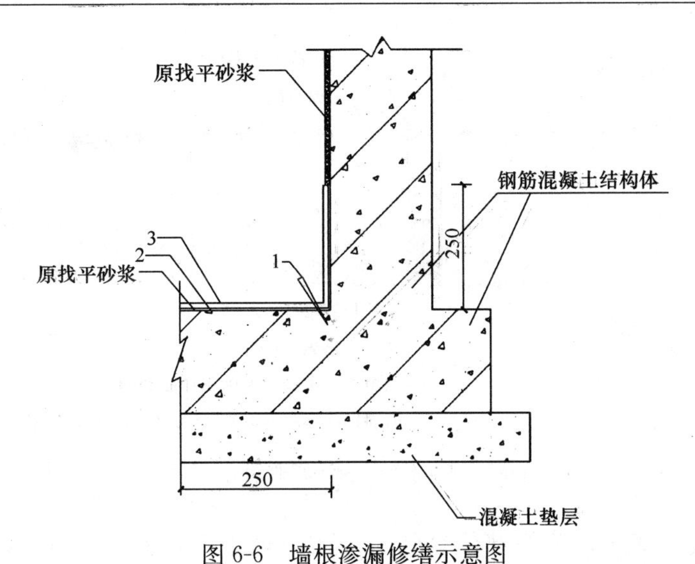

图 6-6 墙根渗漏修缮示意图

1—压注锢水止漏胶；2—刷/喷 M1500 或 DPS 渗透液；3—刮涂混合浆料

步，对渗漏处垂直钻 ϕ8mm，间距 300～500mm 的孔，安装注浆嘴，并用速凝堵漏王锚固牢实；第三步，压灌（压力为 0.2～0.3MPa）锢水止漏胶，3h 后二次补灌；第四步，宽出四周连接缝各 10cm，满面刮涂 2mm 厚混合浆料夹贴一层玻纤布/无纺布增强。

2. 四周剪力墙渗漏修缮

(1) 穿墙管孔洞渗漏修补：剔除回填疏松砂浆，干净后刮压环氧聚合物防水砂浆，压实刮平，刷涂 M1500/DSP 渗透液两道，让其吸饱。表面扩大面积涂刷 2mm 厚可湿面施工的环氧防水涂料夹贴一层玻纤布/无纺布增强。

(2) 墙面细小裂纹或微孔小洞，干净后刮涂 2mm 厚环氧防水涂料。

(3) 墙面深长裂缝或贯穿裂缝，距缝 50mm 斜钻 ϕ8mm 孔，安装注浆嘴，间距 30～50cm，压灌（压力为 0.3MPa）锢水止漏胶，3h 后二次复灌，无渗漏后骑缝 10cm 宽刮涂 2mm 厚夹贴一层玻纤布/无纺布增强。

(4) 施工缝渗漏修缮：沿缝两侧距缝 50mm，斜钻 ϕ8mm 孔洞，孔距 30cm，安装注浆嘴，然后压灌（压力为 0.3MPa）锢水止漏胶，3h 后复灌一次，静观 24h，无渗漏后，骑缝刮涂 2mm 厚环氧防水涂料来贴一层玻纤布/无纺布增强。

(5) 竖向变形缝渗漏修缮：凿除缝内填充料，深至止水带，并在止水带两侧各垂直钻 ϕ10mm 注浆孔，深至侧墙迎水面，安装注浆嘴，压注锢水止漏胶（压力为 0.35MPa），并复灌一次，直至无渗水为止。3h 后清理止水带背水面并适当整理规整，粘贴一层丁基胶带，随后对缝槽挤注发泡聚氨酯，然后自下而上嵌填非下垂型聚氨酯密封胶，厚度不小于 25mm，最后安装 30cm 宽 _/_ 形镀锌板盖缝，如图 6-7 所示。

也可采用深圳大学张道真教授团队近几年的科研新工法修缮。

(6) 局部面渗漏修缮：渗漏区周边扩大 15cm 范围清理干净，垂直钻 ϕ8mm 孔洞，深 80mm 左右，孔距 20cm，安装注浆嘴，压灌锢水止漏胶，3h 后复注一次。再将表面打毛并清理干净，满面刮涂 2mm 厚环氧防水涂料夹贴一层玻纤布/无纺布增强。

3. 地下空间防治“结露”方法

合理设计通风系统，间歇式把室内湿气排至室外，尽量争取地下空间内外气压平衡；

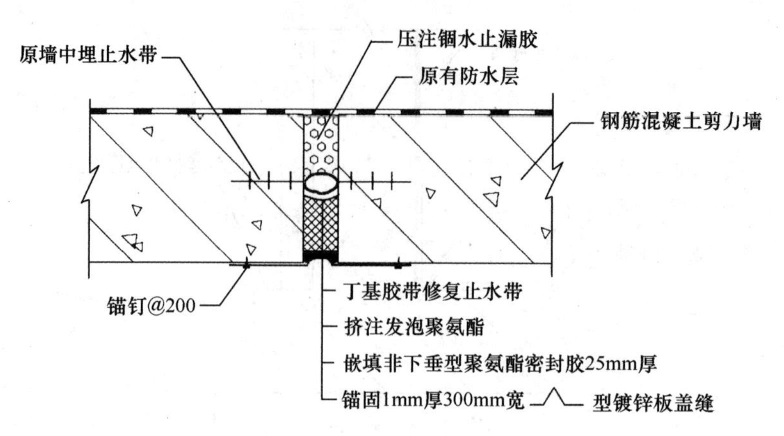

图 6-7　竖向变形缝渗漏修补示意图

周边扩大 15cm 做修缮场，疏松部位剔除，全面清理干净，喷/刷二道 M1500/DPS 渗透液，随即刮涂 2mm 厚防渗防腐防结露“三防涂料”。

4. 顶板或拱顶渗漏修缮方法

（1）微孔小洞与短小裂纹渗漏，扩大范围，清理干净，刮涂 2mm 厚环氧防水涂料并夹贴一层玻纤布/无纺布增强；

（2）深长裂缝，剔 U 形槽 4cm 深，干净后嵌填环氧聚合物防水砂浆压实刮平，并骑缝刮涂 2mm 厚 20cm 宽夹贴一层玻纤布/无纺布增强。

如果顶板或拱顶未回填而暴露于外，则在迎水面修缮效果更佳。反之，参考上述方法逆向修补。

6.7　卫浴间渗漏逆向修缮工法

卫浴间、厨房、有水楼面渗漏，都无须砸砖开挖，可在迎水面或背向面修缮。迎水面修缮操作方便，效果更好。背水面修缮（逆向修缮），操作相对困难，但也可收到显著效果。现重点介绍逆向修缮做法。

（1）清理干净，找准渗漏点，分析渗漏原因，选用合适材料，然后确定修缮方案与工法。

（2）剔槽修补法：湘潭某厨房间断滴水，有时水掉炒菜锅，导致炒菜停止、美食报废。掀开吊顶板，发现裂缝滴水，当时剔 V 形槽 40mm 深，干净后洒水湿润缝槽，涂刷一道速凝“堵漏王”稀浆，随即分层嵌填速凝“堵漏王”（内掺 10%可分散胶粉）稠浆压实，直至与板面平齐，清理干净后复原，共耗时 2.5h，修后三年未发现渗漏。

（3）埋导水管引流：长沙某卫生间经常滴水，导致“方便”时烦恼。一个防水工仔细观察后，将漏点钻一个 ϕ10mm 小洞，让其排水 0.5h，并在排水排污管上钻一个 ϕ10mm 小孔，而后安装一根胶管（安装时胶管两端用速凝环氧胶泥封固），将上层渗水引入排水排污管。1 个工人 3h 辛勤作业，解决了用户多年烦恼，时过 6 年也未出现渗漏现象。

（4）逆向注浆法：衡阳某洗脚城周边“洗壁漏”，影响正常营业，清理干净后，逆向沿墙根钻 ϕ10mm 小孔，孔距 30cm，低压（0.2MPa）徐徐慢灌 M1500，3h 后复灌一次。3 个工人一天解决了洗脚城渗漏难题。

6.8　光伏屋面的防渗防腐

光伏屋面系统的防水非常重要，不仅关乎建筑不漏，也关系光伏发电系统的安全。如果光伏屋面漏水，没有合适的措施处理，就只有拆除光伏装置，重新做防水，那损失就太大了。

6.8.1　光伏屋面与普通屋面不同之处

（1）光伏组件的寿命一般为 25～30 年（低于一般建筑结构设计使用年限）。

（2）光伏组件普遍质量为 10～15kg/m²。

（3）光伏板组件一般的承载能力为 2400～5400Pa，最大变形位移不超过 30～40mm。

（4）光伏转化率一般在 20%左右，难以避免的有热量聚集而产生消防隐患的问题。

（5）光伏组件中钢件长期外露，风吹雨淋，容易锈蚀。

（6）光伏屋面在运营中，必须进行定期检测维护，因此光伏屋面必须设计为上人屋面。

（7）光伏组件对屋面抗风揭、抗震提出了严苛要求。

（8）光伏屋面一般先做防水层，再做混凝土支架基础或安装钢结构支架，要求防水、防腐材料有一定耐刺要求。

6.8.2　防水防腐材料的选用

经过近 10 多年的探索与实践，借鉴经济发达国家的经验与教训，防水行业形成了许多共识，公认宜选下列材料。

1. 热塑性聚烯烃（TPO）卷材

TPO 卷材质轻柔韧、耐候耐老化，耐用年限达 30 年，耐高低温、施工便捷（可胶粘、空铺、机械固定、单层防水、湿铺/预铺均可）。北京东方雨虹公司、北新集团等单位将 TPO 卷材成功应用于混凝土光伏屋面/金属彩钢板光伏屋面，受到用户欢迎与认可。

2. STTS 系列产品

索沃（厦门）新能源有限公司专业从事太阳能光伏领域产品的研发、生产、销售及服务，成为世界级的太阳能光伏领域产品的供应服务商。他们采用铝合金支架、碳钢支架结构防水，表面防腐处理。整体结构 100%拒绝打胶。连接方式模块化，施工难度相对简便。BIPV 系统工程造价比传统彩钢瓦节省 20 元/m² 以上，是目前市场同类产品中的佼佼者。索沃 BIPV 效果如图 6-8 所示。

3. 索沃（厦门）新能源公司光伏支架三项创新

（1）隆基 BIPV 光伏支架：①组件采用双坡，可在组件表面行走；②整体结构防水性

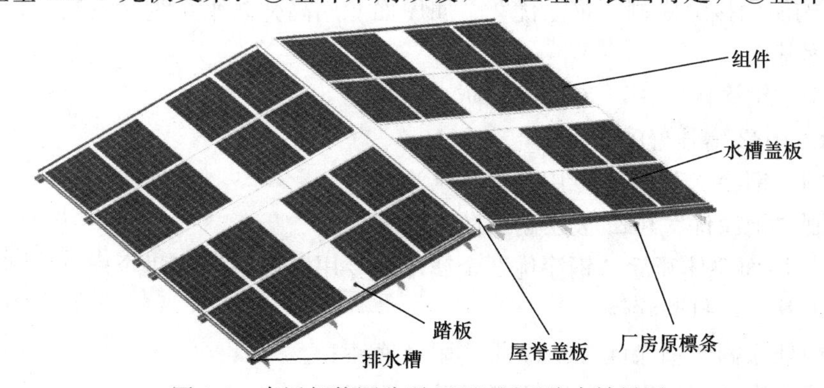

图 6-8　索沃新能源公司 BIPV 屋面防水效果图

能好，安装简单；③自然散热性能好，设有专门的散热通道；④无须设计维护通道，屋顶有效利用面积可增加5%～10%。

（2）赫里欧BIPV光伏支架：①电池片与铝锌板、钢化玻璃胶粘固定，可在组件表面行走；②整体结构性防水性能好，安装简单；③组件带微型逆变器，工作电压不会高于48kV，不发热；④无须设计维护通道，屋顶有效利用面积可以增加5%～10%。

（3）中信博光伏支架：①组件采用常规压块固定，方便拆装维护，采用新型压块时，无须打钉固定，避免漏水；②项目使用可移动踏板，运维方便，无须设计维护通道，屋顶利用面积可增加5%～10%。

以上三者也分别存在不同程度的缺点，他们正在努力探索改进方案。

4. 北新集团α硅烷聚合物防水涂料

该涂料起防水防护作用，可冷施工在屋面基层与光伏支座上，可喷涂或人工刮涂，可一次厚涂1.5～2.0mm，形成无缝防水层。

5. 聚脲防水涂料

该涂料起防水、防腐双重作用，可冷施工在屋面基层与光伏支座/支架上，可机械喷涂与人工刷涂，根据需要可形成1.5～2.0mm无缝防水层。

6. 耐候硅酮密封胶与改性硅酮密封胶

硅酮胶有许多品种，用于光伏屋面密封节点、孔洞、缝隙的密封胶必须具备三个基本条件：一是与混凝土、金属基层有良好的粘结性，粘结强度能抗御风揭；二是耐候耐老化，耐用年限达25年以上；三是有较好的弹性，能适应光伏屋面的变形而不致破损。实验与实践证明，改性硅酮密封胶与耐候硅酮胶是光伏屋面的首选产品。

6.8.3 彩虹（合肥）光伏有限公司对光伏屋面修缮采用的材料与工法

1. 钢结构屋面天沟维修：采用金属屋面“钢涂优”防腐涂料＋防水涂料的“五涂一布”工法

（1）清理天沟基面，天沟中局部锈蚀处打磨除锈；

（2）锈蚀处涂刷“钢涂优”3011带锈阻锈底漆；

（3）整体涂刷“钢涂优”3061丙烯酸防锈面漆；

（4）整体涂刷1212天沟专用防水涂料；

（5）整体铺设1032增强聚酯布；

（6）整体涂刷1212天沟专用防水涂料两遍。

2. 钢结构屋面接缝涂刷“钢涂优”金属屋面专用高弹防水系统（三涂一布）

（1）清理基面；

（2）涂刷“钢涂优”1011专用高弹防水涂料；

（3）铺设1032增强聚酯布；

（4）涂刷“钢涂优”1011专用高弹防水涂料；

（5）涂刷“钢涂优”1021表层耐磨防水涂料。

3. 钢结构屋面整体喷涂“钢涂优”金属屋面专用防腐系统（两涂）

（1）清理基面，打磨除锈；

（2）锈蚀处涂刷“钢涂优”3011带锈阻锈底漆；

（3）整体喷涂“钢涂优”3061丙烯酸防腐面漆。

4. 110kW 电站混凝土屋面防水修缮施工工艺

（1）拆除屋面原有防水层；

（2）轻集料混凝土找坡 5%；

（3）防水涂料一道；

（4）铺设 40mm 厚挤塑聚苯乙烯泡沫塑料板；

（5）铺设 40mm 厚 C20 细石混凝土（配钢筋网片）。

6.8.4　西卡光伏屋面系统材料端与施工端兼重

西卡提供高反射特性的防水层以增进发电效率，提供白色单层屋面柔性卷材或白色防水涂膜层。这可以从两个方面增进发电效率，一是使太阳光可以较多地反射到光伏电池板的背面，二是起到了冷屋面效果，可以提升发电效率。

6.9　涂卷复合防水

自从非固化橡胶沥青防水涂料（以下简称非固涂料）技术引入我国以后，在防水行业激发了许多改革与探索，其中涂卷复合防水发展势头最猛。

（1）涂卷复合防水的优越性：底层涂料可渗透基层，密实密封基体微孔、小洞与裂纹，提升基层抗渗能力；涂料与基层形成“皮肤式”粘合，不产生窜水现象；涂层蠕变，可消减基层变形应力，避免因基层变形导致卷材破损；卷材厚度均匀，有一定的强度与延伸性和耐候性，涂卷复合优势互补，可形成可靠的防水屏障。

（2）使用涂卷复合防水的前提条件：一是涂料必须为蠕变型涂料，即永不固化的涂料，且以厚度不小于 2mmm 为宜；二是卷材与涂料相容性好，即两者接触不发生化学或物理破损，能融混于一体。

（3）涂卷复合防水的应用范围：地上、地下一切混凝土工程或金属工程均可采用涂卷复合防水施工。

6.10　逆作法施工

绝大多数工程防水层均做在迎水面，但有些修缮工程无法在迎水面操作，则可在背水面施工，称之为逆作法施工。

地下工程立墙、拱顶；混凝土水库堤坝；地下隧道、隧洞；地下工程变形缝、施工缝、贯穿裂缝等部位渗漏，一般采用逆向封堵。

逆作防水包含四个工法：①逆向注浆堵漏；②剔槽扩洞，嵌填聚合物防水砂浆；③扩大范围做覆盖增强型涂膜，涂料宜选用粘结力强的环氧树脂涂料；④导排：如安装导水管，把水引向排水沟、排水网络。

7　建筑物保温的革新发展

7.1　保温隔热基本理念

在任何介质中，当两处存在温度差时，两部分之间就产生热的传递现象，热能将由温度较高的部分转移至温度较低的部分，如房屋内部的空气与室外的空气之间存在温差时，通过房屋外围结构产生传热现象。冬天室内气温高于室外气温，热量从室内向外传出，造成热量损失。夏天室外气温高，热量则从室外传至室内而使室温提高。

建筑材料也存在传热与热阻现象，传热系数或热阻是评定建筑材料保温隔热性能好坏的主要指标。我们应根据所需传热系数或热阻选择轻质、高效的保温材料。保温层及其保温材料应符合表 7-1 的规定。

表 7-1　保温层及其保温材料

保温层	保温材料
板状材料保温层	聚苯乙烯泡沫塑料、硬质聚氨酯泡沫塑料、膨胀珍珠岩制品、泡沫玻璃制品、矿棉制品、加气混凝土砌块、泡沫混凝土砌块等
纤维材料保温层	玻璃棉、岩棉、矿渣棉等
整体材料保温层	喷涂硬泡聚氨酯、现浇泡沫混凝土、加气混凝土等

选择保温隔热材料时，应满足的基本要求是：导热系数不得高于 0.2W/(m·K)，密度不宜大于 $1000kg/m^3$。

7.2　屋面保温隔热主要方式及效果

保温隔热材料多种多样，各有其特性。保温隔热方式也多种多样，各有优劣。我们应根据其使用功能、材料特性、气候特征、施工条件及经济社会效益，优选合适的方式，目前屋面保温隔热的主要方式如下。

（1）屋顶外保温：利用板状材料/纤维材料/整体发泡材料铺设于屋顶板面之上，起隔热保温作用。

（2）屋顶内保温：在屋面板内表面与吊顶板空间，填充粒料、纤维或块状材料，起隔热保温作用。

以上两种方式比较，炎热夏季外保温比内保温隔热效果更好，可降温 2～4℃，寒冷季节两者保温效果接近，甚至内保温比外保温室内温度高 1～2℃。两者一次投资比较，外保温高于内保温。

（3）种植屋面（含种植顶板）具有良好的隔热保温效果：种植层下不铺设保温材料，利用种植土与植被，炎夏种植屋面的遮阳隔热效果远远优于普通保温屋面，寒冷季节种植屋面比普通保温屋面保温效果亦好。

（4）蓄水屋面：在屋面围挡蓄水25～30cm深，炎夏季节可降温15～20℃，寒冷季节屋面板内表面温度高于环境气温2～4℃。

（5）屋面设架空隔热层，炎热夏季隔热效果较好，寒冷季节，保温效果不佳。

（6）实验与实践证明：夏热冬暖地区与夏热冬冷地区，喷涂硬泡聚氨酯保温隔热材料是最佳选择。

7.3 外墙保温隔热主要方式及优势劣势

（1）外墙外保温：挂贴保温板、粉抹胶粉聚苯颗粒、安装防水保温三合一结构板、喷涂硬泡聚氨酯。

（2）外墙内保温：粉抹胶粉聚苯颗粒、挂贴保温装饰板、粘贴石膏板。

（3）防水保温承重三合一板＋内保温砂浆，是高层建筑外墙保温隔热的最佳选择。

（4）结构墙板自保温

外保温墙体保温和隔热性能的优势如下：

① 外保温墙体隔热保温性能优于内保温。

② 外保温对墙体有保护作用，减轻墙体受外界风、雨、气的不良侵蚀作用，提高主体结构的耐久性。

③ 外保温可以避免墙体产生热桥。

④ 避免内装修的破损与无功搬移。

⑤ 增加室内使用面积近2%。

对于一次投资，外保温虽然高于内保温，但综合社会效益和经济效益好。

（5）外墙体内保温的主要方式及优势

方式：粉抹保温砂浆与挂贴保温板。

优势：

① 减轻作业脚手架的投入。

② 维修比外保温方便。

③ 规避了保温层剥离掉落砸伤行人。

存在缺陷：

① 减少内部空间2%的使用面积。

② 给外墙防水增大压力。

③ 削弱了外墙保护功能与耐久性。

7.4 常用保温隔热材料

常用保温隔热材料见表7-2。

表7-2 常用保温隔热材料

名称	商品状态	密度 γ_0（kg/m³）	导热系数 λ［W/(m·K)］	最高使用温度（℃）	备注
石棉碳酸镁	松散粉末状	＜350	0.06	350	—

续表

名称	商品状态		密度 γ_0 (kg/m^3)	导热系数 λ [W/(m·K)]	最高使用温度 (℃)	备注
石棉纸板	板状厚 5～50mm		200～600	—	600	防火、隔热、隔声
膨胀珍珠岩	松散颗粒		40～300	常温 0.021～0.041	800	保温、保冷
磷酸盐膨胀珍珠岩制品	砖、板和管		200～250	0.038～0.045	1000	焙烧而成 $R_{压}=6\sim10kg/cm^2$
水玻璃膨胀珍珠岩制品	砖、板和管		200～300	0.048～0.056	650	焙烧而成 $R_{压}=6\sim12kg/cm^2$
水泥膨胀珍珠岩制品	砖、板和管		300～400	常温 0.050～0.075	≤600	$R_{压}=5\sim10kg/cm^2$
沥青膨胀珍珠岩制品	砖、板和管		400～500	0.08～0.10	用于常温与负温	$R_{压}=2\sim12kg/cm^2$
膨胀蛭石	松散颗粒		80～220	0.04～0.06	1000～1100	—
水泥膨胀蛭石制品	砖、板和管		300～500	0.065～0.090	<600	$R_{压}=2\sim12kg/cm^2$
水玻璃膨胀蛭石制品	砖、板和管		300～550	0.068～0.072	<900	$R_{压}=3.5\sim6.5kg/cm^2$
微孔硅酸钙制品	—		250	0.035	650	$R_{压}>5kg/cm^2$ $R_{折}>3kg/cm^2$
泡沫混凝土	—		300～500	0.07～0.16	≤600	$R_{压}\not<4kg/cm^2$
加气混凝土	—		400～700	0.08～0.14	≤600	—
泡沫玻璃	气泡颗粒		150～160	0.05～0.11	500	$R_{压}=8\sim150kg/cm^2$
矿渣棉	纤维状物或细粒		114～130	0.0279～0.035	600	吸水性大，弹性小
岩石棉	—		80～110	0.035～0.043	700	—
沥青矿物棉毡	—		135～160	0.0416～0.045	<250	冷库隔热
玻璃棉	纤维状		100～150	0.024～0.032	有碱为 350 无碱为 600	—
玻璃纤维制品	—		120～150	0.030～0.035	≤300	—
软木及软木板	散粒、板	不加胶料	<180	0.05	≤120	$R_{折}=1.5kg/cm^2$
		加胶料	<260	<0.05	120	$R_{折}>2.5kg/cm^2$
水泥木丝板	板状		350～500	0.072～0.130	常温下使用	用于墙和屋顶隔热
软质纤维板	板状		300～350	0.035～0.045	常温下使用	用于墙和屋顶隔热
聚苯乙烯泡沫塑料（模塑 EPS）	板状		20～50	0.027～0.040	80～75	—
挤塑聚苯乙烯泡沫板（XPS）	板状		20～50	0.04	80	—
轻质钙塑板	板材		100～150			$R_{拉}=7\sim11kg/cm^2$ $R_{压}=1\sim3kg/cm^2$
喷涂硬泡聚氨酯	双组分液料		≥55	≤0.024	150	—

7.5 建筑保温的发展趋势

笔者根据近 50 年的工作经验，学习国外先进技术，结合我国经济发展、技术进步形势，预测建筑保温行业发展趋势如下：

（1）低层建筑的屋顶与外墙以外保温为主；高层与超高层建筑的屋顶和外墙以内保温为主。

（2）屋顶外保温材料以喷涂硬泡聚氨酯与阻燃聚苯乙烯挤塑板为主，屋顶内保温材料以纤维状岩棉、玻璃棉为主。

（3）外墙内保温材料以保温砂浆、隔热装饰板为好。应积极开发高效保温砂浆。

（4）隔热保温材料应高度重视阻燃防火性能的提高，耐火等级达 A_1 级。

（5）喷涂硬泡聚氨酯向隔热、保温、防水、装饰相结合的方向发展。

（6）乡村屋顶逐步普及种植屋面、蓄水屋面及光伏屋面。

8 防水堵漏创新经典案例

8.1 KT-CSS控制灌浆工法在隧道初支特大涌水处理中的成功运用

陈森森，刘天飞、王军、李康、文忠

（南京康泰建筑灌浆科技有限公司，江苏 南京 210033）

摘 要：通过对广东韶新高速公路某标段隧道初期支护特大围岩涌水的原因进行分析，确定采用KT-CSS控制灌浆工法：低压、慢灌、快速固化、分序分次控制灌浆，利用水泥基类特种灌浆材料复合灌浆，解决了隧道初期支护特大涌水的问题。该涌水治理也对高速公路隧道安全掘进施工、地表水土流失治理和后期隧道二衬安全浇筑起到了十分积极的作用。

关键词：高速公路隧道初期支护特大涌水控制灌浆材料复合

The Successful Application of KT-CSS Control Grouting Method in The Treatment of Large Water Inrush in The First Branch of The Tunnel

Chen Sensen[1]，Liu Wen，Wang Jun，Li Kang[2]

（Nanjing Kangtai Construction Grouting Technology Co.，Ltd.，Nanjing Jiangsu 210033，China）

Abstract：Based on the analysis of the cause of water inrush in the initial support of a tunnel in a bid section of Shaoxin Expressway in Guangdong Province，it is determined to adopt kt-css control grouting method：low pressure，slow grouting，rapid solidification，controlled grouting by sequence and time，and composite grouting with cement-based special grouting materials to solve the problem of water inrush in the initial support of the tunnel. The water inrush control also plays a very positive role in the safe tunneling construction of the highway tunnel，the control of surface soil erosion and the safe pouring of the second lining of the tunnel in the later stage.

Key words：highway tunnel；initial support；excessive water gushing；controlled grouting；material composite

8.1.1 工程概况

广东韶新高速寒山口隧道设计路线里程 K74＋549～K78＋302、ZK 线里程 ZK74＋475～ZK78＋266，右线、左线分别长 3753m、3791m，最大埋深约 307.74m。两洞间距为 28.7～51.2m，为左右分修，隧道单洞宽约 17m，高约 9m。隧道洞身衬砌按照新奥法原理采用复合式衬砌。初期支护采用锚网喷支护，必要时加设钢架，二次衬砌为模筑（钢筋）混凝土衬砌。隧道破损现场如图 8-1 所示。

图 8-1　隧洞破损现场

2020 年 3 月 12 日施工时，隧道内初期支护突发涌水、塌方，地表开裂，出现了 9 个小型塌坑。

8.1.2 特大涌水的危害和整治目的

1. 特大涌水的危害

隧道右洞围岩涌水情况严重，此涌水处，每天涌水量达 8000m^3，并且含沙量达到 0.2%，且地表已出现严重的开裂和塌陷。如果不及时处理，水土持续流失，将影响隧道主体、周边居民住宅及整个山脉环境的安全。如果处理不当，会出现局部水压过大，影响浇筑二衬，无法保证掘进与二衬的 120m 的安全步距，不能进行隧道正常掘进，影响工期进度，并且会造成以后二次衬砌局部发生渗漏水隐患，还有可能造成二衬混凝土开裂，影响工程质量，更影响隧道的后期运营安全。

针对此段渗水量过大情况，利用 KT-CSS 控制灌浆工法：低压、慢灌、快速固化、分序分次控制灌浆，和水泥基特种灌浆材料的复合使用，采取对围岩进行固结注浆和帷幕注浆、地表注浆等措施，保证隧道结构安全，也可有效防止水土流失。

2. 整治目的

（1）确保右洞的施工安全，保证隧道的正常掘进施工，以及防止雨季来临后洞内再次出现塌方和涌泥涌水等灾害。

（2）防止以后因流水造成围岩脱空，导致围岩偏压，造成通车后的隧道二衬结构开裂，甚至坍塌的可能。

（3）防止流水造成围岩脱空，引起围岩塌陷，造成地表地质灾害，影响附近居民的人身及财产安全，以及农业生产和生活安全，引起环境保护方面的灾害。

4）采用耐久性好的注浆材料，无毒无害，确保生态环境安全。

8.1.3　整治的基本原则

（1）KT-CSS 控制灌浆工法要符合确保质量、技术先进、经济合理、安全适用的要求。

（2）KT-CSS 控制灌浆工法按“疏堵结合、防排截堵、以堵为主，以排为辅、限量排放”的分级分段隧道漏水治理原则，采用围岩固结注浆、围岩帷幕注浆、初支加固处理、防水隔离墙、径向注浆、地表注浆等综合措施进行隧道漏水病害治理。

① 围岩固结注浆、帷幕止水，分区治理。

需要对处理范围进行全环径向注浆，防止涌水段处理后围岩水顺沿断裂带造成其他部位再次涌水，造成围岩偏压等地质灾害。

为防止富水段封堵后，涌水向治理段外侧转移，须建立隔离墙。在目前装拱架的渗水段 30m，前后暂定各延长 20m 范围内先进行隔离墙灌浆，可以阻止渗水严重段处理后的水向周边扩散。环向上非富水区域也可先行注浆形成隔离墙。

② 疏堵结合、限量排放。

隧道长期涌水会破坏生态环境，导致地下水位下降，施工条件恶化并威胁隧道运营期衬砌安全，甚至会诱发工程地质灾害。目前隧道流水多采用“以堵为主，以排为辅、限量排放”的方法进行综合治理，在施工中既能最大限度地保护环境，也能有效解决因封堵造成的水压升高威胁后期二次衬砌稳定性的问题，保障施工和运营期的安全。加强排水为辅的目的是在实现本项目注浆堵水目标的基础上，及时将治理后的少量流水排走，减小防水板与排水管的排水压力，提高防水结构的耐久性。

（3）KT-CSS 控制灌浆工法采用经过试验、检测和鉴定，并经实践检验质量可靠的新材料，行之有效的新技术、新工艺，也应符合国家现行的有关强制性规范标准规定。

（4）KT-CSS 控制灌浆工法，考虑到通车后汽车对隧道结构的振动扰动和荷载扰动，所以要充分考虑材料的抗振动扰动性和耐久性，并且材料性能必须高于国家和行业现行标准要求。比较好的围岩固结灌浆用的有水泥基无收缩灌浆材料，水泥基早凝早强灌浆料，水中不分散混凝土（符合国家标准《水泥基灌浆材料应用技术规范》GB/T 50448—2015）、聚合物砂浆[符合国家行业标准《聚合物水泥防水砂浆》（JC/T 984—2011）]、丙烯酸盐[符合《丙烯酸盐灌浆材料》（JC/T 2037—2010）]、改性环氧灌浆材料，我们不采用水玻璃和聚氨酯等临时堵漏材料，水玻璃堵水不耐久，并且对环境有影响，《隧道工程防水技术规范》CECS：370：2014 第 77 页和《地下工程防水技术规范》（GB 50108—2018）都明确规定：水泥水玻璃双液注浆材料不得用于永久性工程的防渗堵漏。

（5）KT-CSS 控制灌浆工法必须符合环境保护的要求，并采取相应措施，确保化学灌浆材料的固化体无毒无污染。

（6）KT-CSS 控制灌浆工法在治理特大涌水的过程中，在防水堵漏的同时，将永久防水和补强加固有机地结合在一起。

8.1.4　涌水原因分析和治理目标

1. 原因分析

该地段处于地质结构断裂带处，渗水来源以地面降水、地表浅层水、围岩裂隙水为主。含沙率为 0.2%，涌水中含沙率高，易造成地质塌陷，另外出水量增大会导致围岩形成偏压。

2. 治理目标

（1）处理段初支结构达到地下防水三级标准，即有少量漏水点，不得有线流和漏泥沙。单个湿渍面积不大于 0.3m^2，单个漏水点的漏水量不大于 2.5L/d，任意 100m^2 防水面积上的漏水点或湿渍点数不超过 7 处。

（2）初期支护拱墙达到不滴水，地板不涌水和冒水。

8.1.5　KT-CSS 控制灌浆工法

1. 基本原理

（1）首先确定整治范围：以该涌水点前后 15m 范围为富水区段（长度 30m），富水区段前后各设置宽度 20m 的防水隔离墙，即整治范围暂定最少 70m，根据施工中钻孔注浆情况再决定是否需要延长。如果进浆量大或者出水量大，可以适当向外扩 5～10m。

（2）使用钢板与拱架焊接做成封浆墙，大小为：涌水点上下 2.5～3m，前后至少 10m 的范围。在封浆墙上安装法兰盘，将分散水变成集中水，将无序水变成有序水。

（3）分段注浆，先做隔离墙注浆再做富水段注浆，最后做仰拱注浆。

（4）分序注浆，第一序为在浅层围岩 3m 深范围内进行固结注浆和帷幕注浆，形成对初期支护 3m 保护壳；第二序为在围岩 6m 深左右进行固结注浆，进一步加固围岩，形成初期支护的第二道保护壳；第三序为在围岩 9m 深左右进行固结注浆，循序渐进。

（5）控制灌浆材料的固化时间和固化强度，提高材料的使用有效率，减少灌浆材料的流失率。

（6）灌浆的时候控制压力和灌浆的浓度。低压、慢灌、快速固化、分序、分次间隙性控制灌浆。浆液浓度为水灰比 1∶3 、1∶1、1∶0.5 之间的浓度切换。

2. 具体操作

（1）防水隔离墙的设置

① 目的：为防止本段注浆堵水导致水流转移，设置防水隔离墙来防止水流窜水，造成其他地段渗漏水。

② 设置方式：隧道拱部及边墙处、隧道底部做防水隔离墙，设置于富水区间外 20m 范围内，采用固结注浆法和帷幕注浆法。注浆孔布设参数为孔深 3m，孔径 50mm，间距 2m，每环 20～25 孔（结合设计尺寸），以隧道中心线为中心，向四周均匀发散，此为第一序注浆。第二序注浆孔布设参数为孔深 6m，孔径 50mm，间距 3m，每环 15～20 孔（结合设计尺寸）。第三序注浆孔布设参数为孔深 9m，孔径 50mm，间隔 4m。

防水隔离墙位置如图 8-2 所示。

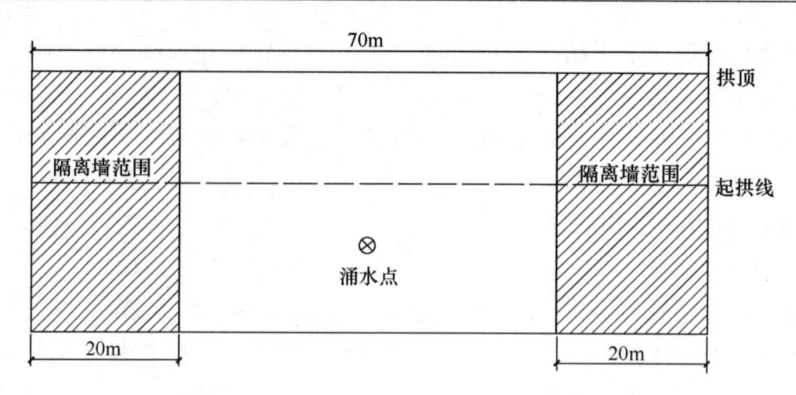

图 8-2　防水隔离墙位置示意图（拱部及边墙，单侧全环需要径向注浆）

（2）注浆锚管的设置

隔离墙段注浆锚管布置如图 8-3 所示。

隔离墙段注浆锚管布置如图 8-4 所示。

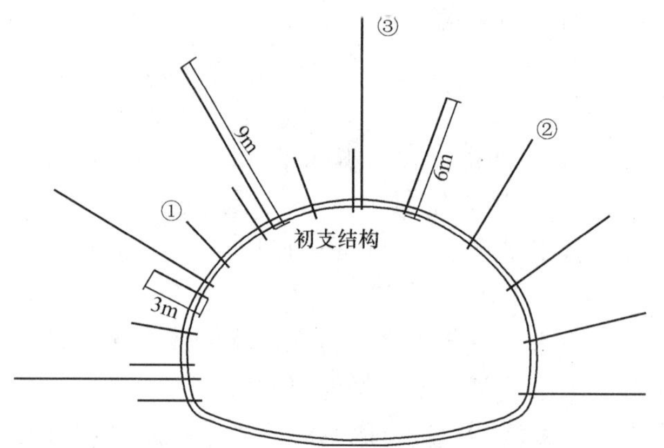

图 8-3　隔离墙段注浆锚管布置示意图（每序仅展示一侧）

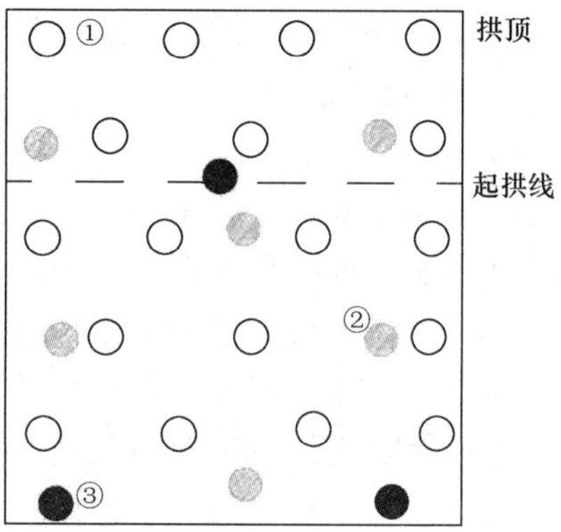

图 8-4　隔离墙段注浆锚管布置示意图（正视图）

（3）注浆管的设置

注浆采用涨壳式中空注浆锚杆或注浆小导管，采用外径 ϕ42mm、壁厚 4mm 的热轧无缝钢管，管节按设计长度加工，前端 5cm 做成锥形，尾端 10cm 处焊接 ϕ8 的钢筋加劲箍，管口段 0.5m 范围内钢管不开孔，其余部分按 15cm 间距梅花型交错设置注浆孔，孔径为 6～8mm。注浆管加工如图 8-5 所示。

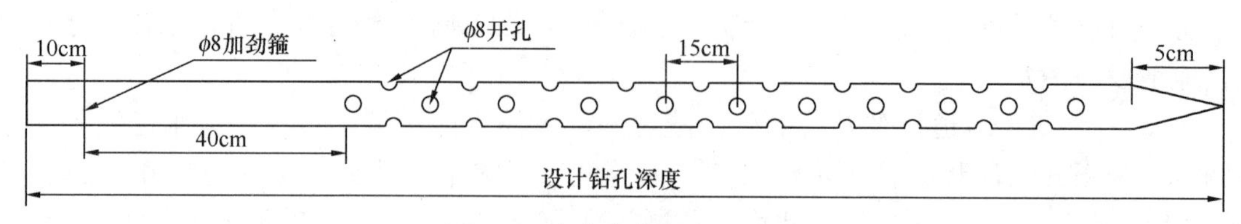

图 8-5　注浆花管加工示意图

3. 富水区段注浆

（1）隧道漏水治理以“疏堵结合，以堵为主”为原则，采用径向注浆的方式对裂隙水进行治理。同样需要分三序进行注浆，第一序为孔深 3m，孔径 50mm，间距 2m，每环 20～25 孔；第二序为孔深 6m，孔径 50mm，间距 3m，每环 15～20 孔；第三序为孔深 9m，孔径 50mm，间隔 4m。

（2）其中较为特殊的是，在涌水点上下各 3m，左右、前后各 10m 左右的范围内设置封浆墙，考虑到实际情况及便捷性，建议使用厚度 8mm（最小 5mm）的钢板与钢架进行焊接，内需要设置肋筋，整个钢板上下各布置一根混凝土横梁，用于限制和封闭钢板，防止漏浆。钢板适量开孔 $\phi 75$，便于钻孔安装注浆锚管，再使用环氧砂浆对管和钢板交接处进行密封。在涌水点位置附近安装 $\phi 50$ 的法兰盘 6～10 个，再装球阀，把分散水变成集中水，把无序水变成有序水。

（3）注浆采用中空注浆锚管或花管。

（4）注浆设施考虑如下。

富水区段及钢板封浆墙位置示意如图 8-6 所示。

富水区段钢板封浆墙位置示意如图 8-7 所示。

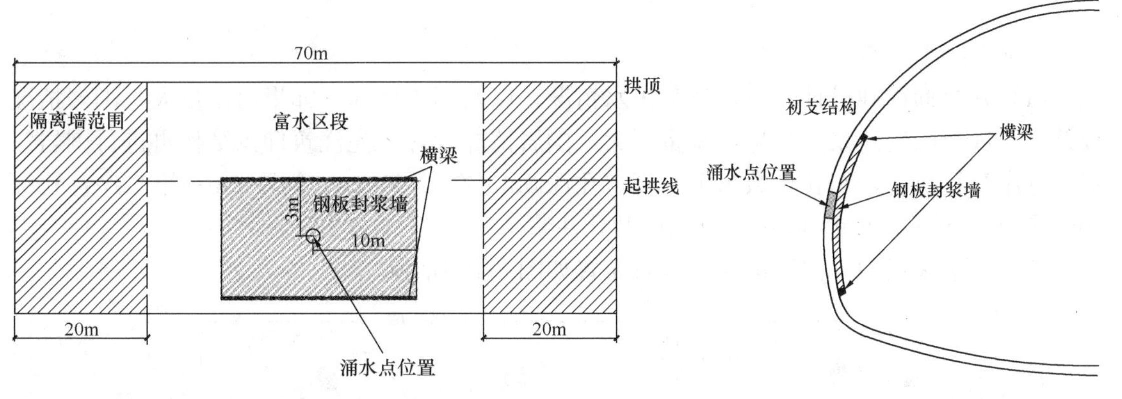

图 8-6　富水区段及钢板封浆墙位置示意图（拱部及边墙，单侧）

图 8-7　富水区段钢板封浆墙位置示意图

富水区段注浆锚杆布置如图 8-8 所示。

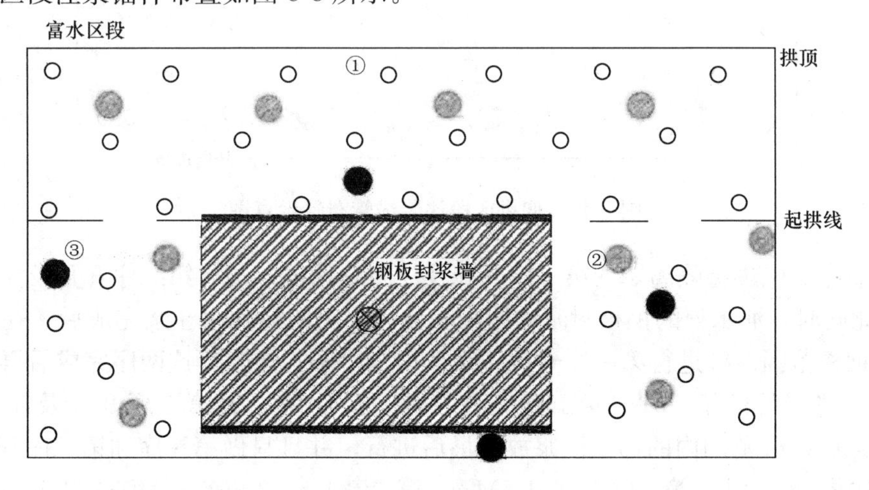

图 8-8　富水区段注浆锚杆布置示意图（正视图）

富水区段钢板封浆墙开孔示意如图 8-9 所示。

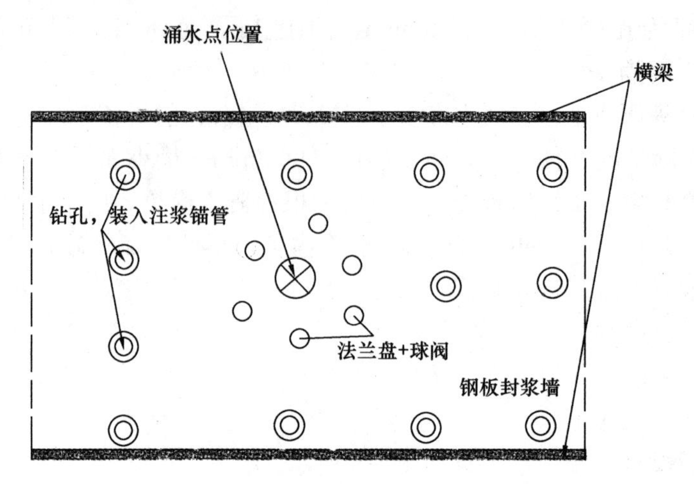

图 8-9　富水区段钢板封浆墙上开孔示意图
（图中仅为一序孔，二序、三序类推）

4. 仰拱区段注浆

（1）开挖仰拱到设计位置，观测出水情况，以及围岩情况。如果出水量大，围岩情况较差，先进行围岩注浆，如果出水量不大，围岩情况较好，先浇筑仰拱结构再进行围岩注浆。分序开孔注浆，布孔参数为第一序：孔深 3m；孔径 50mm、间距 2m；第二序：孔深 6m、孔径 50mm、间距 3m；无第三序开孔注浆。

（2）注浆采用中空注浆锚管。锚管布置如图 8-10 所示。

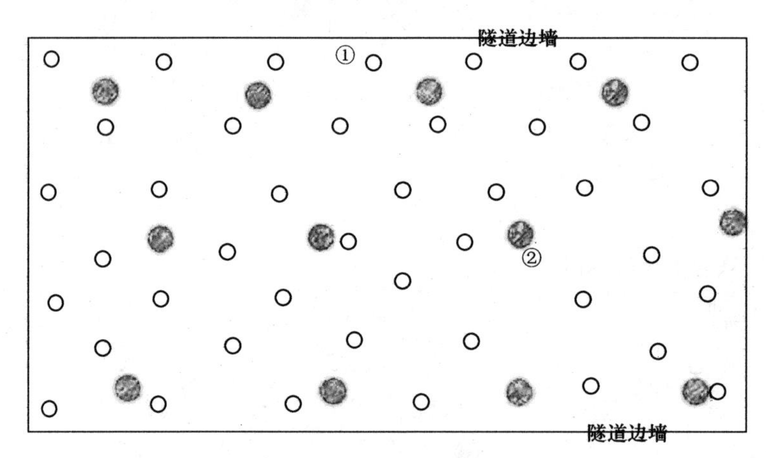

图 8-10　仰拱区段注浆锚管布置示意图

施工顺序：先进行隔离墙的第一序开孔及注浆（深度 3m），第二序开孔及注浆（深度 6m），与此同时，涌水处的钢板封浆墙同步安装。隔离墙前两序注浆完成后，在富水段非封浆墙（钢板范围）处进行第一序开孔注浆及第二序开孔注浆，这两序完成后再进行涌水点及钢板封浆墙处的第一序、第二序开孔注浆。最后统一做第三序开孔及注浆（深度 9m）。暂定的 70m 范围内的仰拱注浆放到最后进行，并且只做第一序和第二序开孔注浆。

分序注浆的压力为：第一序 1.0～1.5MPa，第二序 1.5～2.5MPa，第三序2.5～4.0MPa。

分序注浆效果如图 8-11 所示。

相邻左洞施工的位置：

由于隧道左右洞均处于地层断裂带处，虽然左洞暂时没有发现涌水及渗漏情况，但为防止右洞处理后，地层水集中到左洞附近，给左洞结构安全造成极大隐患或直接伤害，以及保证今后左洞结构不出现偏压等不良影响，建议对左洞同样范围内的二衬结构进行围岩注浆，钻孔数量约为右洞的 1/3。相关布置参照右洞。

5. 地表注浆

针对地表出现多处坍塌及裂缝，为防止塌陷情况进一步恶化，保证隧道主体结构的长久安全，以及保障周边居民生产生活和山体环境的安全。建议对地表进行浅层固结注浆。地表注浆分两序操作，第一序钻孔深度 20～30m，间隔 16m，第二序钻孔深度 10～15m，间隔 16m。地表注浆压力：第一序 5～8MPa，第二序 2～4MPa。

地表分序注浆范围如图 8-12 所示。地表分序注浆如图 8-13 所示。

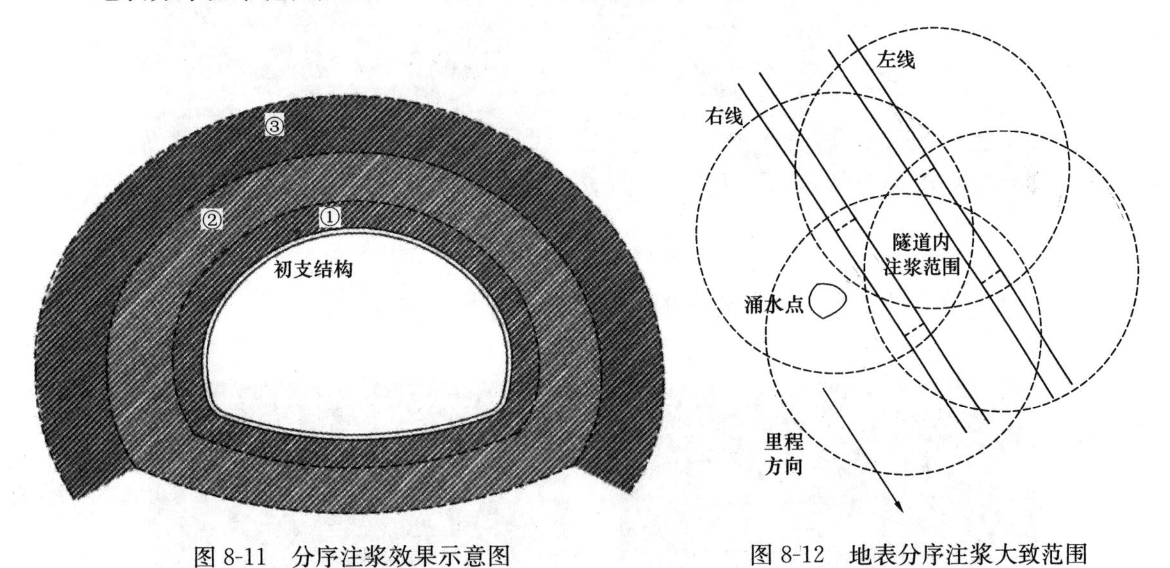

图 8-11 分序注浆效果示意图

图 8-12 地表分序注浆大致范围

图 8-13 地表分序注浆示意图

8.1.6 KT-CSS 控制灌浆工法成功运用案例

1. 新疆地铁初期支护渗漏水治理施工（图 8-14）。

图 8-14　新疆地铁初期支护渗漏水治理施工

2. 韶新高速六分部松山隧道斜井围岩涌水治理施工（图 8-15）。

图 8-15　韶新高速松山隧道斜井围岩涌水治理（一）

图 8-15　韶新高速松山隧道斜井围岩涌水治理（二）

图 8-15　韶新高速松山隧道斜井围岩涌水治理（三）

8.1.7　水泥基类特种灌浆材料在 KT-CSS 控制灌浆工法中的复合使用

根据涌水情况，利用一些材料的优点去弥补另一些材料的缺点，从而达到两种材料复合后的完美效果，现场根据材料的性能进行材料配比和复合。

利用的灌浆材料的基本特性如下：

1. KT-CSS-18 改性环氧树脂结构胶

特点：①耐水、耐潮湿，混合后可以在水中固化，水中粘结，固化时间可以进行调整。市场上民用加固的环氧类材料很难达到；②能在 0℃以上固化，能在潮湿和干燥界面施工；③无溶剂，固化后不会因溶剂挥发后而收缩，固含量超过 95%以上，市场上用丙酮稀释的环氧不能用。固化体系无有机溶剂释放，反应放热平稳，不易爆聚；④环氧固化后有一定的韧性，延伸率为 8%～10%，可以抵抗汽车或列车通行的时候对结构的振动扰动和荷载扰动，市场上环氧固化后是刚性的，无延伸率；⑤低黏度，高渗透率，可以灌进 0.2mm 的缝隙，我们的材料可以灌入 0.1mm 的缝隙，利于堵漏效果。市场上环氧浓度大，只能灌进 0.3～0.5mm 的缝隙；⑥固化后强度达 C40 或 C50 混凝土强度，无须更高！市场上环氧强度高达 C60 混凝土的强度以上，与混凝土强度等级有偏差；⑦通过实践总结出来的裂缝漏水灌环氧的工法（KT-CSS 工法，已获得国家发明专利），可以使漏水裂缝灌浆饱满度达 95%以上，加固规范要求只是达到 85%；⑧目前环氧类材料是工程加固类的首选材料，抗压强度高，粘结强度好，不易渗水，但耐老化性能好，地下工程无紫外线，不会有造成环氧材料的老化环境，这样环氧类材料的耐久性就比较差，目前港珠澳大桥的裂缝修补施工中都采用改性环氧灌浆材料，材料性能指标必须符合标准《混凝土裂缝用环氧树脂灌浆材料》（JC/T 1041—2007）的要求。KT-CSS-18 改性环氧树脂结构胶的主要技术指标、力学强度及性能见表 8-1～表 8-3。

表 8-1 KT-CSS-18 改性环氧树脂结构胶的主要技术指标

外观	A 组为透明微黄色液体 B 组为棕色透明液体
A+B 混合黏度	20℃配胶 400g；150～180mPa·s 配胶 400g 可使用期：40～50min
初凝时间	（指干）6～11℃；15～18h；初硬时间 5d （指干）20℃；8～9h；初硬时间 4d

表 8-2 环氧树脂结构胶力学强度

钢-钢剪切强度（不带水粘接）/7d	20MPa
钢-钢剪切强度（带水粘接水下固化）/7d	15MPa
钢-钢正拉强度（不带水粘接）/7d	40MPa
钢-钢正拉强度（带水粘接水下固化）/7d	30MPa
钢-钢剪切强度（不带水粘接）/28d	18MPa
钢-钢剪切强度（带水粘接水下固化）/28d	17MPa
钢-钢正拉强度（不带水粘接）/28d	40MPa
钢-钢正拉强度（带水粘接水下固化）/28d	30MPa

表 8-3 环氧树脂结构胶胶体性能

八字模拉伸强度	14d	15MPa	28d	17MPa
伸长率（%）	14d	8%	28d	8%
弹性模量	14d	400MPa	28d	450MPa
胶体压缩	14d	34MPa	28d	39MPa

2. KT-CSS-4F 改性环氧树脂结构胶的配比与力学性能见表 8-4。

表 8-4 KT-CSS-4F 改性环氧树脂的配比与力学性能

使用配比	10∶2～10∶2.5（质量比）			
混合黏度	（23℃±2℃）80～110mPa·S 配胶 400g 可使用期（20℃）80min			
力学强度	检测项目	技术指标	实测值	备注
	胶体 28d 抗压强度	>60MPa	80	
	胶体伸长率	>1.5%	3	
	钢对钢带水粘结 7d 剪切强度	≥10MPa	18	
	钢对钢带水粘结 7d 拉伸强度	≥32MPa	38	
	C45 混凝土带水粘结固化 14d 拉伸强度	>2.5MPa	3.6	混凝土破坏
符合《工程结构加固材料安全性鉴定技术规范》（GB 50728—2011）技术指标				

3. KT-CSS 系列聚合物快速封堵材料

材料性能：①带水施工、防潮、抗渗，快速堵漏，迎、背水面均可使用；②无毒、无害、无污染，可用于饮水工程；③抗渗强度高、粘结能力强、可防水；④与基层结合成整体，不老化、耐水性好。材料性能指标见表 8-5。

表 8-5 KT-CSS 系列聚合物快速封堵材料性能指标

序号	项目		技术指标
1	凝聚时间	初凝/min	≤5
		终凝/min	≤10
2	抗压强度/MPa	1h	4.5
		3d	15
3	抗折强度/MPa	1h	1.5
		3d	4.0
4	抗渗压力差值/MPa	涂层	0.4
		试件	1.5
5	粘结强度/MPa	7d	0.6
6	耐热性	100℃，5h	无开裂、起皮、脱落
7	冻融循环	−15～20℃，20 次	无开裂、起皮、脱落

4. KT-CSS-101 水中不分散特种水泥基灌浆料

性能特点：①高抗分散性。可不排水施工，即使受到水的冲刷作用，也能使在水下浇筑的水下不分散混凝土不分散、不离析，水泥不流失；②优良的施工性。水下不分散混凝土虽然黏性大，但富于塑性，有良好的流动性，浇筑到指定位置能自流平、自密实；③适应性强。新拌水下不分散混凝土可用不同的施工方法进行浇筑，并可通过各种外加剂的复配，满足不同施工性能的要求；④不泌水、不产生浮浆，凝结时间略延长；⑤安全环保性好。掺加的絮凝剂经卫生检疫部门检测，对人体无毒无害，可用于饮用水工程，新拌水下不分散混凝土在浇筑施工时，对施工水域无污染；⑥此水泥基灌浆材料，与水泥性能基本相同，耐久性与水泥基本一致，高于化学类浆液。水料比为 0.6 的胶浆性能见表 8-6。

表 8-6 水料比 0.6 加水搅拌均匀后胶浆性能指标

序号	项目		技术指标
1	流动度	初始	≥20mm
		60min 保留值	≥20mm
2	竖向膨胀率	24h	≥1%
3	凝结时间	初凝 h（水中）	≤72
		初凝 h（空气中）	≤48
		终凝 h（水中）	≤96
		终凝 h（空气中）	≤72
4	泌水率	24h	0%
5	抗压强度 MPa	（水中成型）7d	≥5
		（水中成型）28d	≥10
		（水中成型）360d	≥15
		（水中成型）7d 转 pH4-5 硫酸溶液 21d	≥10

续表

序号	项目		技术指标
5	抗压强度 MPa	（水中成型）7d 转饱和氢氧化钙溶液 21d	≥10
		（空气中成型）7d	≥10
		（空气中成型）28d	≥15
		（空气中成型）360d	≥25
6	粘结强度 MPa	28d	≥1
7	抗渗强度	（水中成型）28d	≥P12
		（空气中成型）28d	≥P20
8	立方米用量		(1800±50)kg

5. KT-CSS-303 早凝早强高强灌浆料

性能特点：①施工工艺简单，单位长度作业时间短；②施工时所需设备安全、简易，易于运输和装卸，便于当天做好清场工作，以确保地铁或市政交通的次日准时开通；③浆液渗透性好，与原混凝土基面的粘结强度高；④浆液固结后需产生一定的强度，最好与原混凝土道床强度相近；⑤浆液在动荷载作用下固化后不产生收缩；⑥水泥基灌浆材料与水泥性能基本相同，耐久性与水泥基本一致，高于化学类浆液；⑦无收缩；⑧微膨胀，2%～3%膨胀系数；⑨自流平；⑩自密实；⑪强度高，固化后强度达到 C30～C50 混凝土强度，根据施工需要的情况可以调；⑫超细，可以灌注到 0.8～1.0mm 的缝隙和裂隙中去；⑬若有水的环境，会采用水中不分散材料，即灌浆料配好以后，在水中不再被稀释和溶解，提高有效使用率，没有水的环境就不用；⑭粘结强度高，里面掺了聚合物建筑用胶粉，与围岩粘结效果好；⑮灌浆料内还掺进了结构自防水母料和水泥基渗透结晶母料，抗冻胀、抗渗等级高；⑯根据围岩空隙大小，如果预留空隙小于 10cm，灌浆材料内还需要添加抗开裂的树脂纤维；⑰适合快速固化要求的施工，在 40～60min 开始固化，强度达到 C15 混凝土的强度，120～180min 达到 C20 混凝土强度；⑱隔天还需用耐潮湿、耐水无溶剂高渗透环氧胶进行补充灌浆，对水泥灌浆料不能灌进的 0.5mm 的以下会渗水的缝隙进行灌浆；⑲材料性能指标必须符合《水泥基灌浆材料》（JC/T 985—2005）标准的要求，注浆施工要达到国家标准《水泥基灌浆材料应用技术规范》（GB/T 50448—2008）。水料比 0.27 的浆料性能指标见表 8-7。

表 8-7 按水料比 0.27 加水搅拌均匀后浆料性能指标

项目		技术指标
水料比		0.27
凝结时间	初凝	≥60min
	终凝	≤120min
流动度（mm）(25℃)	初始流动度	≤20
	30min 保留值	≤30
泌水率（%）	24h 自由泌水率	0
	3h 钢丝间泌水率	0

续表

项目		技术指标
压力泌水率（%）	0.22MPa（孔道垂直高度≤1.8m时）	0.1
	0.36MPa（孔道垂直高度>1.8m时）	0.2
自由膨胀率（%）	3h	0.1
	24h	0.1
充盈度		合格
抗压强度（MPa）	4h	20
	12h	40
	1d	50
	3d	55
	7d	75
	28d	93
抗折强度（MPa）	4h	5.5
	12h	7
	1d	9
	3d	10.5
	7d	12
	28d	12.5
对钢筋的锈蚀作用		无锈蚀
每立方米用量		2250±50kg

6. KT-CSS-202 无收缩自密实自流平特种高强度水泥基灌浆料

性能特点：①低水料比，高流动性，高渗透性，高粘结力，高强度；②无泌水、无收缩，注浆凝固后结石率≥99%；③后期强度不回落，耐久性与混凝土同步；④此水泥基灌浆材料与水泥性能基本相同，耐久性与水泥基本一致，高于化学类浆液；⑤材料性能指标必须符合《水泥基灌浆材料》（JC/T 985—2005）标准的要求，注浆施工要达到国家标准《水泥基灌浆材料应用技术规范》（GB/T 50448—2008）的要求。性能指标见表 8-8。

表 8-8　KT-CSS 系列早凝早强高强灌浆料主要性能指标

项目		技术指标
水料比		0.26
凝结时间（h）	初凝	≥6
	终凝	≤24
流动度（mm）（25℃）	初始流动度	≤17
	30min 保留值	≤20
	60min 保留值	≤30
泌水率（%）	24h 自由泌水率	0
	3h 钢丝间泌水率	0

续表

项目		技术指标
压力泌水率（%）	0.22MPa（孔道垂直高度≤1.8m时）	0.1
	0.36MPa（孔道垂直高度>1.8m时）	0.2
自由膨胀率（%）	3h	0.5
	24h	0.8
充盈度		合格
抗压强度（MPa）	1d	21
	3d	55
	7d	65
	28d	70
抗折强度（MPa）	3d	9.5
	7d	10.5
	28d	13.5
对钢筋的锈蚀作用		无锈蚀
每立方米用量		2200±50kg

7. KT-CSS-1022 阳离子丁基丙烯酸胶乳（聚合物胶水）

性能特点：①防水、防渗、抗裂、粘结、抗冻、抗老化性能；②抗水渗透性比普通砂浆提高3倍以上；③无毒、无害、无环境污染；④施工方便；⑤适合于潮湿面粘结；⑥材料性能必须要符合国家行业标准《聚合物水泥防水砂浆》JC/T 984—2011的要求。丁基丙烯酸胶乳性能指标见表8-9。

表8-9 16KT-CSS-1022 阳离子丁基丙烯酸胶乳（聚合物胶水）性能指标表

序号	检验项目		单位	标准要求	本规程要求
1	凝结时间	初凝	min	≥45	≥400
		终初	h	≤24	≤8：20
2	抗渗压力	7d	MPa	≥1.0	≥1.3
		28d	MPa	≥1.5	≥1.5
3	28d 抗压强度		MPa	≥24.0	≥40.0
4	28d 抗折强度		MPa	≥8.0	≥9.0
5	粘结强度	7d	MPa	≥1.0	≥1.6
		28天	MPa	≥1.2	≥2.0
6	28d 收缩率		%	≤0.15	≤0.10
7	耐碱性饱和 $Ca(OH)_2$ 溶液，168h		/	无开裂、剥落	无开裂、剥落
8	抗冻性—冻融循环（−15～+20℃）25次		/	无开裂、剥落	无开裂、剥落
9	耐热性，100℃水，5h		/	无开裂、剥落	无开裂、剥落

8.1.8 KT-CSS 控制灌浆工法的特种注浆混合装置

采用植筋胶枪混合的原理制作出来“枪头混合器”，为了能快速堵住特大涌水，就必须采用两种浆液短时间内混合快速固化，需要5～10s内快速固化。为了达到KT-CSS控制灌浆工法中快速固化的要求，发明制作了带三通进出浆，出浆管内安装上带正螺旋和反螺旋的固定混合叶片，浆液在管内流动的时候得到充分的搅拌，从而反应达到固化，此装置满足了材料的5s固化的需求，成为实现KT-CSS控制灌浆工法的重要工具。枪头混合器如图8-16所示。

图8-16　枪头混合器示意图

8.1.9　KT-CSS控制灌浆工法与普通灌浆工法之间的对比（表8-10）

表8-10　KT-CSS控制灌浆工法与普通灌浆工法之间的对比

序号	分类	项目	普通水泥注浆	普通水泥＋水玻璃注浆	KT-CSS控制灌浆工法＋水泥基灌浆料组合配方灌浆
1	工效对比	孔深每米用注浆量的有效率	10%～20%	30%～40%	70%～80%
2		使用量	大	较大	较少
3		工期	90～120d	70～100d	30～50d
4		优缺点	工期长，效率低，固化后强度低综合花费高，效果不好	耐久性差，不环保，固化后强度不太高，综合花费比较高，效果一般	耐久性高，符合环保，工效高，固化后强度高，纯浆固化后强度达到C50，综合花费低，效果好

8.1.10　结语

成功在25d内完成了隧道涌水的整治任务，采用KT-CSS控制灌浆工法结合水泥基类特种灌浆材料的复合使用，是对隧道初期支护特大涌水进行处理的关键，固结注浆加固和帷幕注浆治水，加固了初支周边的围岩，堵住了涌水的通道，地表水不再因为隧道漏水而流失加快，地表也不再出现塌坑，实现堵漏和加固的目的，达到了设计要求，高效、快捷地完成了施工病害整治任务，为类似隧道工程初支塌方涌水处理提供了借鉴。

第一作者简介：

陈森森，1973年5月出生，高分子材料专业，高级工程师，长期从事交通类的高速公路、高速铁路隧道、地铁防水堵漏、补强加固、缺陷整改、回填灌浆；地铁车站、地下通道、地下商业街堵漏、加固；固结灌浆；水电类结构的缺陷整改工程施工，参加过国内26条高铁，10座城市地铁的维修、抢修、抢险，参加过汕头海湾隧道，广深港高铁狮子洋隧道，长江五桥夹江大盾构隧道堵漏，北京地铁盾构养护规程的编写。

地址：江苏省南京市栖霞区仙林万达茂中心 C 座 1608，E-mail：306674473@qq.com

参考文献

[1] 赵新平．浅释乌鲁木齐市中心城区岩土工程地质分区[J]. 新疆有色金属，2016(S1)：37-40.

[2] 陈小峰，朱旭．地铁隧道漏水原因分析及对策研究[J]. 科学中国人，2016(21)：36.

[3] 陈森森．震动扰动环境下隧道渗漏综合整治技术[J]. 中国建筑防水，2013(8)：39-42.

[4] 陈森森．城市地铁堵漏施工综合技术措施[C]// 第十六次全国化学灌浆学术交流会论文集，2016：344-351.

[5] 陈森森．地铁隧道初期支护渗漏水处理技术与施工．中国建筑防水，2018(14)：39-42.

8.2　聚乙烯丙纶复合防水卷材与防水涂料在地下工程施工技术

北京圣洁防水材料有限公司　杜　昕　王海龙

8.2.1　前言

聚乙烯丙纶/涤纶复合防水卷材是采用 LDPE 树脂同增强材料（丙纶/涤纶无纺布）复合制成的高分子防水卷材，具有高延伸率、高柔韧性等，适用于地上、地下各类工程防水。此防水卷材同防水涂料叠合施工，更能体现其防水、抗裂、耐久的特性。已广泛应用于屋面工程、地下工程、铁路、隧道工程等。

聚乙烯丙纶复合防水卷材产品执行《高分子增强复合防水片材》(GB/T 26518—2011)、《高分子防水材料第 1 部分：片材》(GB 18173.1—2012)国家标准。设计、施工执行《种植屋面工程技术规程》(JGJ 155—2013)、《地下工程防水技术规范》(GB 50108—2008)、《地下防水工程质量验收规范》(GB 50208—2011)、《屋面工程技术规范》(GB 50345—2012)、《屋面工程质量验收规范》(GB 50207—2012)等标准规定。

8.2.2　特点

聚乙烯树脂是一种无毒环保型树脂，广泛用于食品工业的包装材料，以它为主体生产的聚乙烯丙纶防水卷材是无毒、无污染的绿色建材。

此类防水卷材与水泥基乳胶涂料、非固化橡胶沥青涂料、喷涂速凝橡胶沥青涂料等进行复合防水，相容性好、粘结强度高，二者融合为一体，形成一个防水体系。施工中采用防水涂料涂刷（或喷涂）在防水基层上，先形成一个整体无缝的防水层，完全堵塞基层上各类孔隙和裂缝，形成一道皮肤式的防水层，再将聚乙烯丙纶防水卷材铺贴在基层上，形成一个完善的防水体系。此体系具有施工便捷、速度快、耐久性好、耐高低温、耐老化、抗变形、高柔韧性和防水性能好等特点，不但适用于地上建（构）筑物防水，更适用于地下隧洞、人防工程和综合管廊防水工程。

8.2.3　适用范围

聚乙烯丙纶防水系统适用于各类工业与民用建筑和公共建筑建（构）筑物防水防潮，也适用种植屋面防水工程及耐根穿刺。

8.2.4　防水工程设计

依据《地下工程防水技术规范》（GB 50108—2008）、《聚乙烯丙纶卷材复合防水工程技术规程》(CECS 199：2006)、《高分子增强复合防水片材》(GB/T 26518—2011) 及相关防水涂料产品标准和工程实况，制定防水方案如下。

(1) 聚乙烯丙纶防水卷材与聚合物水泥防水粘结料复合防水构造，如图 8-17 所示。

(2) 聚乙烯丙纶卷材与热熔橡胶沥青防水涂料（非固涂料）复合防水构造，如图 8-18 所示。

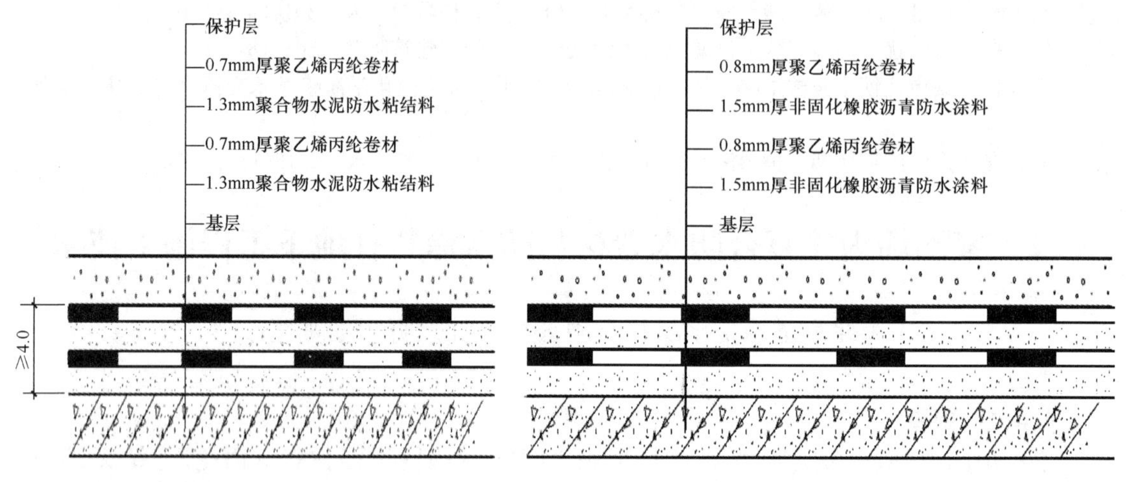

图 8-17　聚乙烯丙纶防水卷材与聚合物水泥防水粘结料复合防水构造示意图

图 8-18　聚乙烯丙纶卷材与非固涂料复合防水构造示意图

(3) 聚乙烯丙纶卷材与喷涂速凝橡胶沥青防水涂料复合防水构造，如图 8-19 所示。

(4) 细部构造防水处理

① 后浇带防水构造如图 8-20、图 8-21、图 8-22 所示。

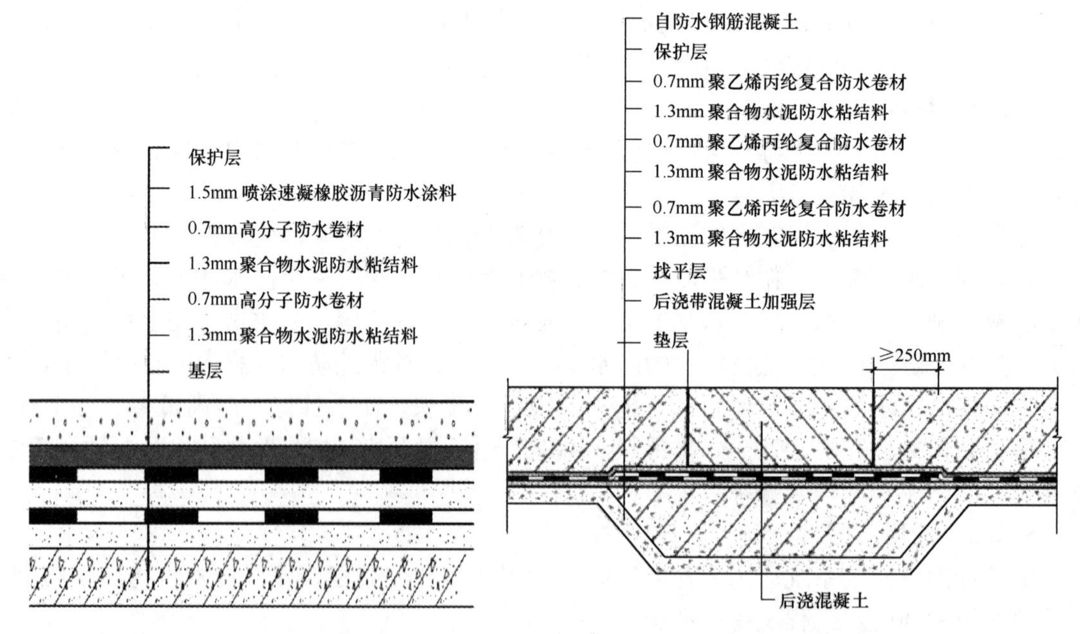

图 8-19　聚乙烯丙纶卷材与喷涂速凝橡胶沥青防水涂料复合防水构造示意图

图 8-20　后浇带防水构造示意图（一）

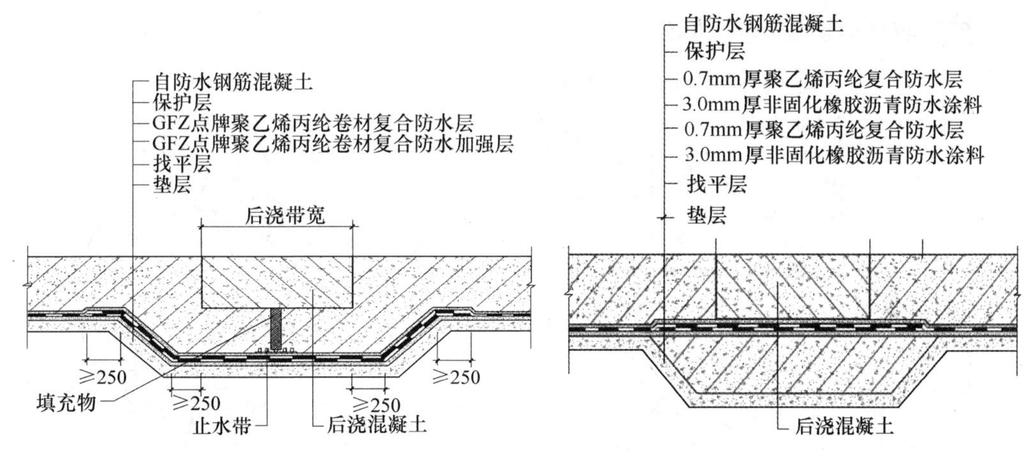

图 8-21　后浇带防水构造示意图（二）　　图 8-22　后浇带防水构造示意图（三）

② 底板平立面转折处防水构造如图 8-23 所示。

③ 穿墙管洞防水构造如图 8-24 所示。

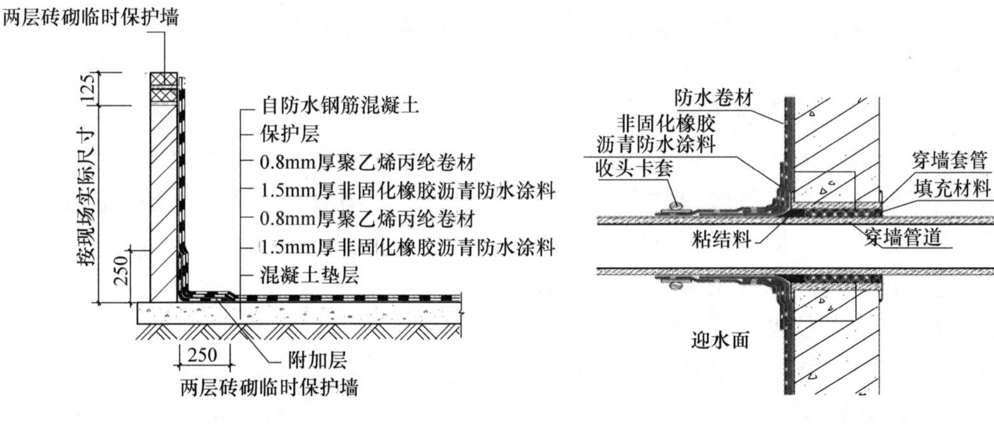

图 8-23　底板平立面转折处防水构造图　　图 8-24　穿墙管洞防水构造图

④ 挡土墙防水构造如图 8-25 所示。

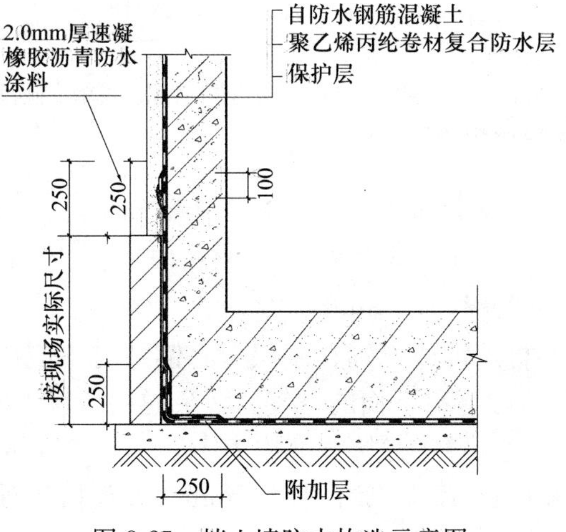

图 8-25　挡土墙防水构造示意图

5）桩头防水构造如图 8-26 所示。

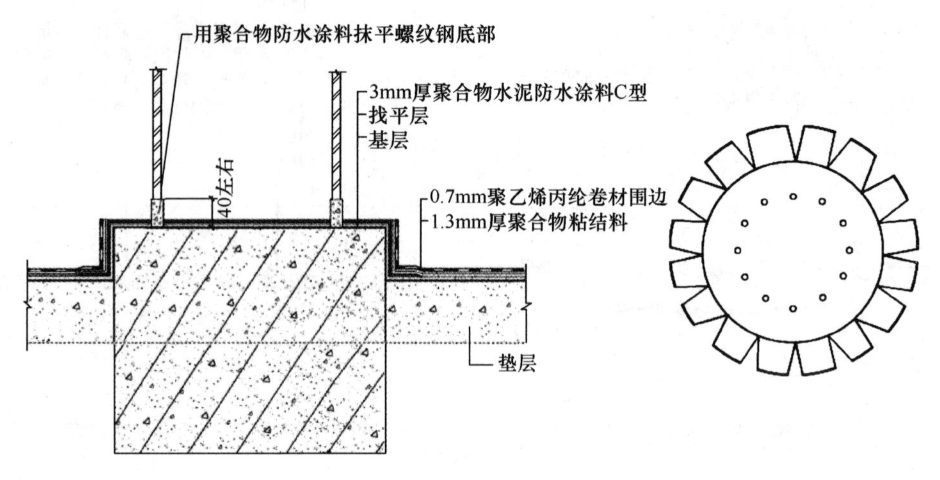

图 8-26　桩头防水处理

8.2.5　施工工法

1. 聚乙烯丙纶防水卷材与聚合物水泥防水粘结料复合施工

（1）施工准备

① 材料、机具运至现场；

② 对参与施工人员进行技术交底，对施工质量与安全文明施工提出明确要求；

③ 检验基层，要求基层应坚实、平整、不起砂，杂物清理干净，基层缺陷细心修补，基层过于干燥时应喷水湿润，但不得有明水；

④ 按比例现场配制好聚合物水泥粘结料；

⑤ 细部节点部位做好附加增强处理；

⑥ 弹好基准控制线，以控制卷材铺贴的平直度与搭接宽度。

（2）工艺流程（图 8-27）

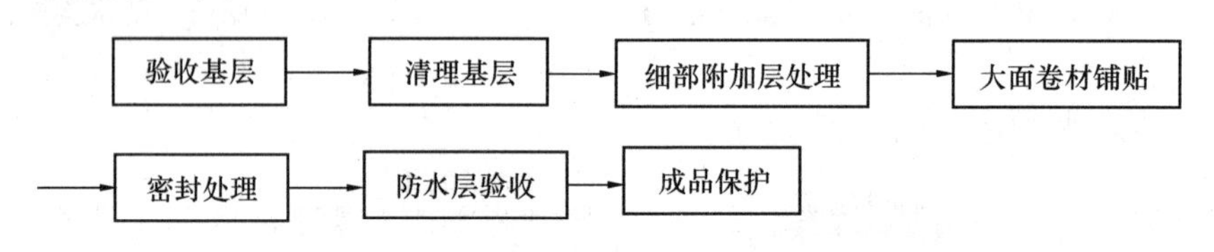

图 8-27　聚乙烯丙纶防水卷材与聚合物水泥防水粘结料复合施工

（3）大面防水层施工

① 基层、细部验收后，做大面防水层施工。粘结料先配制胶结料，配合比为：胶粉 1kg；水泥 50kg；清洁水 25kg（可适当调节），调和拌匀后，把粘结料用小桶倒入基层面上，用刮板均匀涂刷，厚度不小于 1.3mm。

② 将预先剪裁好的卷材拉铺或滚铺在基层上。铺贴时不应用力拉伸卷材，不得出现皱折。用刮板推擀压实并排除卷材下面的空气和多余的粘结料。按此法逐幅铺贴卷材。

③ 做好搭接处理：长边、短边搭接宽度均为 100mm，邻幅应错开 1/3 幅宽。搭接部位用粘结料密封，宽度为 60mm，厚度不小于 5mm，做到搭接处无翘边、无空鼓，平顺整齐。

④ 周边卷材上反至墙体 250mm。

⑤ 自下而上铺贴墙体防水卷材。

⑥ 按设计要求，做好顶板防水层。

2. 聚乙烯丙纶卷材与热熔橡胶沥青防水涂料复合施工

（1）施工准备与聚乙烯丙纶卷材与聚合物水泥防水粘结料复合施工相同

（2）非固涂料施工：涂料加热熔化达到 150～160℃，出料刮涂；也可在专用喷涂机热熔均匀喷涂，喷涂时可根据设计厚度，涂料层一次或二次喷涂成型，达到设计厚度。

（3）铺贴卷材：在涂料冷却后滚铺卷材，也可一边刮涂涂料一边滚铺卷材。搭接缝口刮涂非固涂料密封，以宽 30mm 为宜。

（4）卷材铺贴验收合格后，在卷材上面直接做保护层。卷材上面若不做保护层时，卷材搭接缝做 10cm 宽的盖缝条。

3. 聚乙烯丙纶卷材与速凝橡胶沥青防水涂料复合防水施工

（1）施工准备：基本与聚乙烯丙纶卷材与聚合物水泥防水粘结料复合施工相同。

（2）工艺流程（图 8-28）

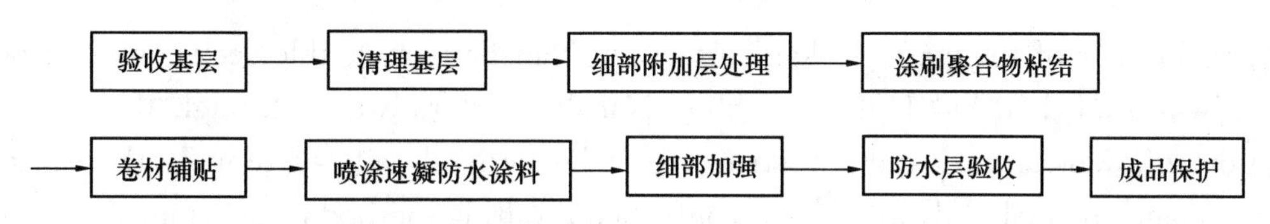

图 8-28 聚乙烯丙纶卷材与速凝橡胶沥青防水涂料复合防水施工

（3）8.2.5 条（3）款做好防水卷材铺贴。

（4）喷涂速凝橡胶沥青防水涂料：待卷材铺贴完成并验收后，做涂料喷涂盖面。

① 对细部节点喷涂一道附加防水层，厚度不小于 1.5mm，宽 300～500mm，立面上翻 200mm 左右。

② 在卷材上大面喷涂速凝橡胶沥青涂料 1.5mm，三遍成活，上下两遍喷涂方向相互垂直。细部节点的涂料应全覆盖附加层，并应宽出 10～20mm。大面喷涂操作时，喷嘴距离基面宜为 300～500mm，操作者移步均匀，与 3～4s 凝固同步协调。平面由远而近、先高跨后低跨喷涂，立面自下而上喷涂。涂料接茬 50～70mm。

③ 做好成品保护：防水层施工完成后 24h 内，不得上人来回踩踏、堆放重物或拖车行走；做砂浆保护层时，工作人员应穿平底防滑鞋，不允许穿高跟鞋或带钉鞋行走；送料推车道应铺垫木板。

竣工后的防水卷材与涂料形成复合防水系统。

8.2.6 结语

我公司 20 多年来，按前述设计方案与施工工艺工法，在 10 多个省（市、区）匠心施工了四五百项重大重点工程，效果良好，得到用户好评与认可，成为国内聚乙烯丙纶卷材生产与应用的标杆企业。

8.3 海港双层集装箱重载铁路隧道的渗漏水整治技术措施

陈森森 陈 登 王玉峰 李 康

（南京康泰建筑灌浆科技有限公司，江苏 南京 210046）

摘 要： 针对广州南沙港铁路Ⅰ标，南沙港双层集装箱重载铁路隧道渗漏水的病害，通过南沙港地质条件，以及重载铁路隧道结构分析渗漏水的原因，确定采用KT－CSS控制灌浆工法，利用水泥基类耐盐分的特种复合灌浆材料，对维护结构和主体结构之间的空腔进行粗灌、精灌、精细灌，隧道壁后的密实度和提高抗渗等级，再对隧道的结构内施工缝、变形缝的破损的止水带进行功能修复，对结构上不规则裂缝、不密实等缺陷进行加固性修复，采取以上的整治技术措施能达到渗漏水整治的目的，达到设计的要求。

关键词： 海港；双层集装箱；重载铁路；复杂地质；抗盐分材料；粗灌、精灌、精细灌

Abstract: in view of the water leakage disease of Nansha port double deck container heavy haul railway tunnel in bid I of Guangzhou Nansha port railway, through the geological conditions of Nansha port and the structure of heavy haul railway tunnel, the causes of water leakage are analyzed, and kt-css controlled grouting method is determined to be used to coarse fill the cavity between the maintenance structure and the main structure by using cement-based salt resistant special composite grouting materials Fine grouting, fine grouting, the compactness behind the tunnel wall and improve the impermeability grade, then carry out functional repair for the damaged waterstop of the construction joint and deformation joint in the tunnel structure, and carry out reinforcement repair for the defects such as irregular cracks and non compactness on the structure. The above treatment technical measures can achieve the purpose of water leakage treatment and meet the design requirements.

Key words: seaport; Double deck container; Heavy haul railway; Complex geology; Salt resistant materials; Coarse irrigation, fine irrigation and fine irrigation

8.3.1 工程概况

南沙港隧道起始里程NBDK0＋500，终止里程NBDK7＋020，隧道建筑长度6520m，其中敞开段2020m，暗埋段4500m，采用明挖法施工，浅埋隧道。

隧道建筑限界及衬砌内轮廓：本隧道为单线双箱货线重载铁路隧道，设计行车速度120km/h，线路纵坡：隧道敞开段分别以6.5‰、7.5‰的下坡进入隧道内，再以5.5‰及3‰的下坡至隧道内第一个低点（NBDK2＋900）；为避免隧道埋深过大，该里程处以3.2‰的上坡至隧道内高点（NBDK3＋600）后再以3‰的下坡至隧道第二个低点（NBDK4＋600）；再以3‰和7.5‰的上坡出隧道敞开段，与三期码头规划出闸口实现平交。

8.3.2 南沙港隧道的水文地质

（1）地下水位：本次勘察所揭露的地下水水位埋藏变化较小。初见水位埋深为0.70

～3.40m，平均埋深为1.74m，标高为0.43～4.54m，平均标高为2.49m；稳定水位埋深为0.30～3.70m，平均埋深为1.70m，标高为0.03～4.43m，平均标高为2.74m。地下水位的变化与地下水的赋存、补给及排泄关系密切，主要受大气降水、地表水和海潮补给的影响，水位会因季节和潮汐而变化。

（2）地下水类型：按地下水赋存方式来划分，本区间地下水类型主要有两种：一种是赋存于第四系土层及全风化层中的孔隙水，另一种赋存于基岩中的基岩裂隙水。上覆黏性土、亚黏性土和下伏全风化层微弱透水，属于相对隔水层，间于其中的（1）3、（5）1-2、（6）3-2、（7）2、（8）2、（9）2和（10）1-2砂砾石层中强透水，为场地主要含水层，局部有承压性，承压水和潜水水力联系紧密。

（3）地下水补给与排泄：勘察区地处亚热带季风性气候区，降雨量大于蒸发量，其中大气降雨是本区地下水的主要补给来源之一，每年4～9月份是地下水的补给期，10月～次年3月为地下水的消耗期和排泄期。

（4）根据本路段的岩土层特征及地表水的分布特征分析，本路段地下水的主要补给来源以大气降水为主，以珠江江水的渗透补给为辅。其中第四系孔隙水的主要补给源为大气降水，珠江江水及含水砂层的侧向补给，流向原则上受地形控制，天然水力坡度不大，属于浅循环地下水；基岩裂隙水以垂直循环为主，径流途径不大。排泄方式主要表现为在江水低潮时向江河排泄，另外主要以地表蒸发和植被蒸腾方式排泄。

（5）地貌特征：工程所处地貌单元以珠江三角洲冲积平原区为主，地面高程为0.4～5.8m；隧址区附近现为厂房、货运港口区域及办公楼，道路纵横，货运车流量大，线路跨越多个鱼塘，测时水位标高为－1.2～－0.7m。地表多数为水产养殖，已有建筑物主要是民房、厂房及沿海港大道周边的多层建筑。

（6）气候：沿线地处北回归线以南，属于亚热带海洋性季风气候，气温受偏南季候风影响，暖湿多雨，光照充足，无霜期长。历年年平均气温22.1℃，最高气温37.5℃，最低气温－0.40℃。

（7）市桥站多年平均降雨量为1636mm，最大年降雨量为2653mm，最小年降雨量为1030mm。市桥站实测最大24h降雨量为385mm（1958年9月28日）。降雨量年内分配不均匀，汛期4～9月的降雨量占全年总量的80.44%，每年10月至次年3月的降雨量少，占全年总量的19.56%，造成春旱夏涝。水面蒸发市桥站多年平均蒸发量为1688mm，最高年蒸发量为1820.9mm（1971年），最低年蒸发量为1494.8mm（1997年）。

（8）地下水腐蚀性评价。按国家标准《岩土工程勘察规范》（GB 50021—2001）（2009年版）第12.2条，地下水对混凝土结构具有弱腐蚀性，地下水对钢筋混凝土结构中的钢筋具有微腐蚀性。

根据《铁路混凝土结构耐久性设计规范》（TB 10005—2010）判别，地下水有硫酸盐侵蚀，化学环境作用等级为H_1；地下水有盐类结晶破坏作用，环境作用等级为Y_2；仅根据氯离子含量判断，该水样有氯盐侵蚀，氯盐侵蚀等级为L_2。

（9）地表水腐蚀性评价：按国家标准《岩土工程勘察规范》（GB 50021—2001）（2009年版）第12.2条，地表水对混凝土结构具有中腐蚀性，地表水对钢筋混凝土结构中的钢筋具有强腐蚀性。

（10）土的腐蚀性评价：场区地下水水位较高，受地下水的淋滤作用，土中的腐蚀介质与地下水中一样，因此土的腐蚀性与地下水一致。

8.3.3 渗漏水现状

主体结构总体渗水量很大，裂缝较多，出现渗漏水的部位主要在结构薄弱处，如施工缝、变形缝、结构裂缝及不密实等混凝土缺陷部位如图 8-29 所示。

图 8-29 渗漏现状图

8.3.4 海港双层集装箱重载铁路隧道渗漏水整治技术要求

（1）通车后，重载列车对隧道结构的振动扰动和荷载扰动条件下的堵漏和缺陷修复技术；

（2）海港双层集装箱重载铁路隧道堵漏同时兼顾补强加固技术；

（3）因为海港双层集装箱重载铁路隧道紧靠海边，结构外围岩中水的盐分含量比较高，并且空气潮湿，氯离子含量也比较高，堵漏和加固的工艺、材料、工法等必须考虑抗盐分条件下的地下结构耐腐蚀、抗锈胀的技术；

（4）设计要求海港双层集装箱重载铁路隧道达到地下工程一级防水要求，不允许渗水，结构表面无湿渍；

（5）海港双层集装箱重载铁路隧道是全包防水结构，防水堵漏设计的整治技术措施应遵循“以防为主、刚柔结合、多道防线、因地制宜、综合治理”的原则。

8.3.5 海港双层集装箱重载铁路隧道渗漏水整治措施

第一步骤：对施工缝和变形缝渗漏水的情况，采用灌注改性液体橡胶，修复橡胶止水带，把缝隙中渗漏水先堵住，保证壁后灌浆的效果，先对结构渗漏严重和裂缝集中区域进行钻孔，钻透主体结构，再采用灌注清水，检查背后的空腔，同时对裂缝进行判断其是否贯穿主体结构。压力控制在 0.3～0.5MPa 之间。做好记录和标记，分析原因。对主体结构后面灌水，能充分暴露出主体结构裂缝的贯穿情况，并且根据进水的数量来判断后面回填灌浆的数量和背后存水空腔的大小，并且可以对背后的空腔的海水或含盐分的水进行稀释或清洗。这个也是注浆的通用常规步骤——压水试验。钻孔布置，梅花型间距 3～4m。必须采用清水和干净的水做压水试验。压水试验如图 8-30 所示。

图 8-30　压水试验示意图

第二步骤：根据压水试验，制订针对性方案，调制抗盐分配方的水泥基灌浆材料，这种调制后的特种抗盐分的水泥基灌浆材料的性能指标需要达到如下要求。

（1）无收缩、微膨胀，膨胀率为 2%～3%；

（2）自流平、自密实；

（3）强度高，固化后强度达到 C30～C50 混凝土强度，根据施工需要的情况调整；

（4）超细，可以灌注到 0.8～1.0mm 的缝隙和裂隙中去；

（5）在水中不分散，就是灌浆料配好以后，在水中不再被稀释和溶解，提高有效使用率；

（6）粘结强度高，里面掺了聚合物建筑用胶，与围岩粘结效果好；

（7）灌浆料内还掺进了结构自防水母料和水泥基渗透结晶母料，提高了抗渗等级和抗盐分抗腐蚀等级；

（8）根据主体结构和围护结构的空腔大小，灌浆材料内还需要添加抗开裂的树脂纤维；

（9）在盐分含量 3%和 5%的情况下，测定材料的性能衰减情况，衰减后需要达到国家标准或行业标准的要求。

对主体结构和围护结构之间进行粗灌浆。利用压水试验的孔进行粗灌，必须采用清水和干净的水来搅拌灌浆料和制浆。

第三步骤：对主体结构的裂缝和渗漏水进行分类整治。为了达到地下工程一级防水的要求，还要考虑海水腐蚀和空气中氯离子含量高造成的钢筋锈胀的因素，同时堵漏施工等级需要提高。

（1）对渗水的环向施工缝进行处理，因为具有通环止水带，所以只要环向施工缝有一处渗漏水，整环都需要进行处理。

（2）对渗水的纵向施工缝进行处理，因为具有止水带，所以对渗水的施工缝两侧延长 1～2m 范围进行处理，防止窜水。

（3）对渗水的不规则裂缝，只要裂缝的一处渗漏水，整条裂缝就都需要处理。

（4）对肉眼能看见的干裂缝进行处理，因为国家规范规定 0.2mm 以下的裂缝需要进行封闭，0.2mm 以上的裂缝进行灌注环氧结构胶粘结封闭，因为一条裂缝上的裂缝宽度是不均匀和不一致的，无法测定一条裂缝上哪些部位的裂缝大于 0.2mm 和哪些部位的裂缝小于 0.2mm，并且因为裂缝生成的时候，由水化热造成的从内部向外部开裂的情况，表面的裂缝可能小于 0.2mm，但是结构内部裂缝的宽度就有可能大于 0.2mm。另外，空气中氯离子含量大，并且潮湿度比较高，所以对能看见的裂缝必须全部进行灌环氧结构胶和表面封闭，这样才能满足规范的要求，才能抗腐蚀和抗锈胀。

（5）对主体结构不密实、空洞处理，需要渗漏的轮廓线周边扩大 50cm 的范围，对主体结构采用深孔针孔法控制灌浆灌注低黏度高渗透环氧结构胶，确保密实度。

第四步骤：对主体结构后面进行钻孔，将结构钻透，进行精灌浆和精细灌浆。

（1）采用超细水泥基特种抗盐分灌浆材料，对第一步骤的粗灌进行补充灌浆，对粗灌的材料不能够进入的空腔，进行补充灌浆。粗灌只能灌进 1.0mm 以上的空隙。采用精灌的超细水泥灌浆材料，可以灌进 0.6mm 以上的缝隙。精灌有两个作用：一个是对粗灌的一个补充；另一个是通过灌浆对结构上面处理过的裂缝效果的一个检测，并且还能暴露出隐藏的贯穿裂缝或后发展的裂缝。注浆孔以 3～4m 间距梅花型布置，与第一步骤的孔错开布置。

（2）最后对结构后面用 14mm 的钻头钻透主体结构，再采用高渗透环氧结构胶或进口的韩国耐腐蚀的环氧丙烯酸盐胶进行精细灌浆，需要对结构后面存在的 0.2mm 和 0.3mm 的空隙进行补充灌浆，提高主体结构后面的防腐和防水等级。孔按 1～2m 间距梅花型布置。

第五步骤：对处理过的表面恢复色差，恢复到与原来的混凝土基本一致，并且刷透明的防腐防水材料，修复施工过的表面，提升结构内表面的防腐防水等级。

第六步骤：隧道为全包防水，防水等级为地下工程防水Ⅰ级，对于地板和仰拱结构，都不允许渗水；对于地板渗水，可以采用做临时围堰、分区查找的办法，分区后清理积水，找出渗水的裂缝、施工缝、不规则裂缝、变形缝、不密实渗水点。对渗水位置不明显的，可以采用干粉法排查。主要方法还是对结构下面的夹层和找平层下面的存水空腔灌注耐盐腐蚀的水泥基无收缩自流平自密实灌浆材料。灌浆之前需要进行压水试验和冲淡下面积水的盐分，也可采用粗灌和精灌、精细灌的办法，对于结构裂缝、施工缝的处理和变形缝的处理还是和拱墙结构的裂缝处理办法一样。围堰查漏如图 8-31 所示。

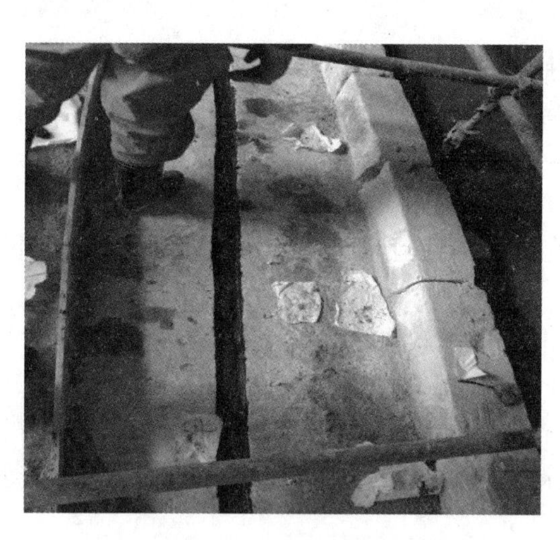

图 8-31　围堰查漏示意图

建议前期对围护结构的地下连续墙表面进行堵漏处理，减少后面主体结构的渗漏水。建议对隧道主体结构内表面做一层防水防腐涂层，减少水对结构表面混凝土的腐蚀，减缓结构的老化和延长使用寿命，减少结构的维修次数。

根据裂缝不同的形成原因和造成渗漏的原因，再根据地下结构的不同使用功能和使用环境，采用不同的方法、不同的工艺、不同的材料进行综合整治，主要施工示意图如图 8-32所示。

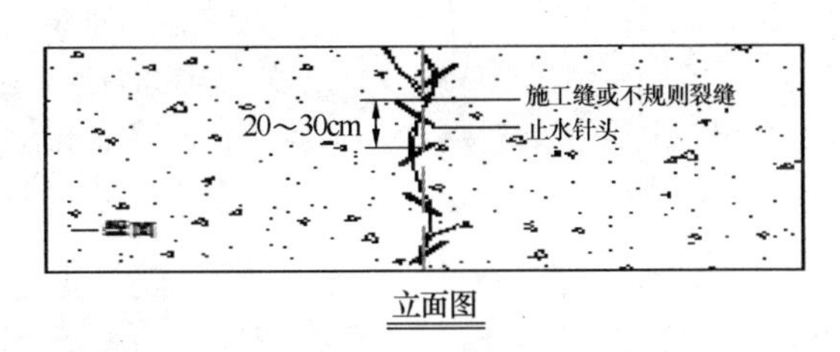

(a)施工缝、结构裂缝、冷缝、断裂缝处理工艺（立面图）

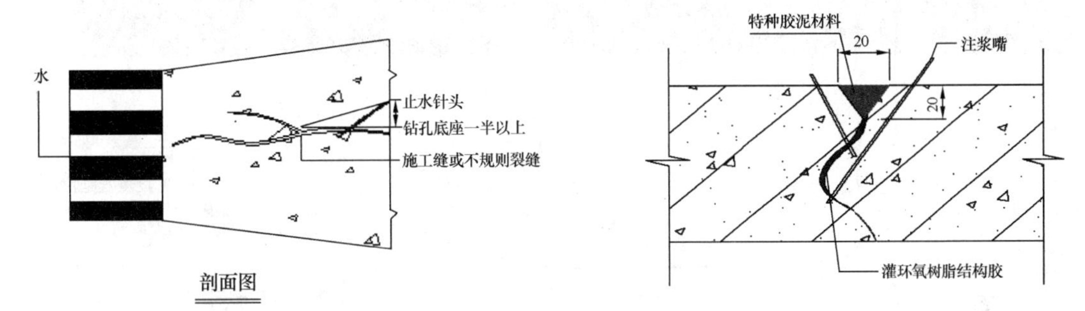

(b)施工缝、结构裂缝、冷缝、断裂缝处理工艺（剖面图）

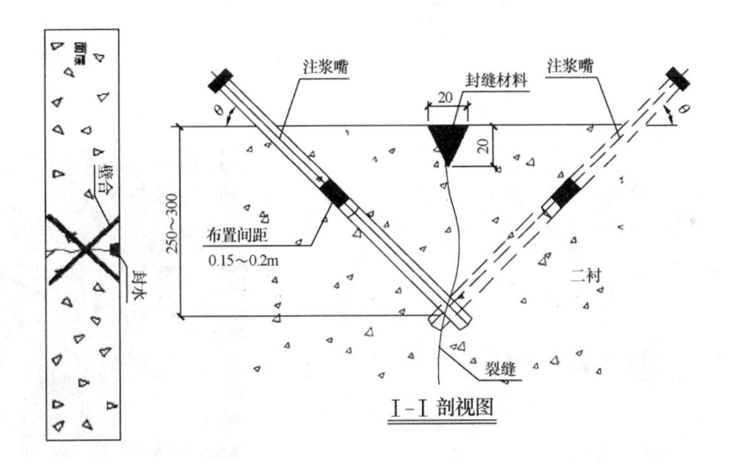

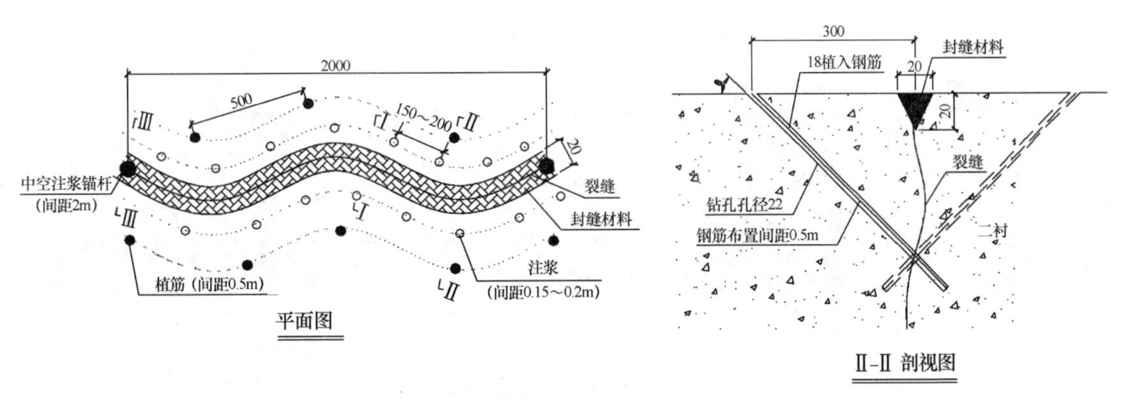

图 8-32 综合整治施工示意图（一）

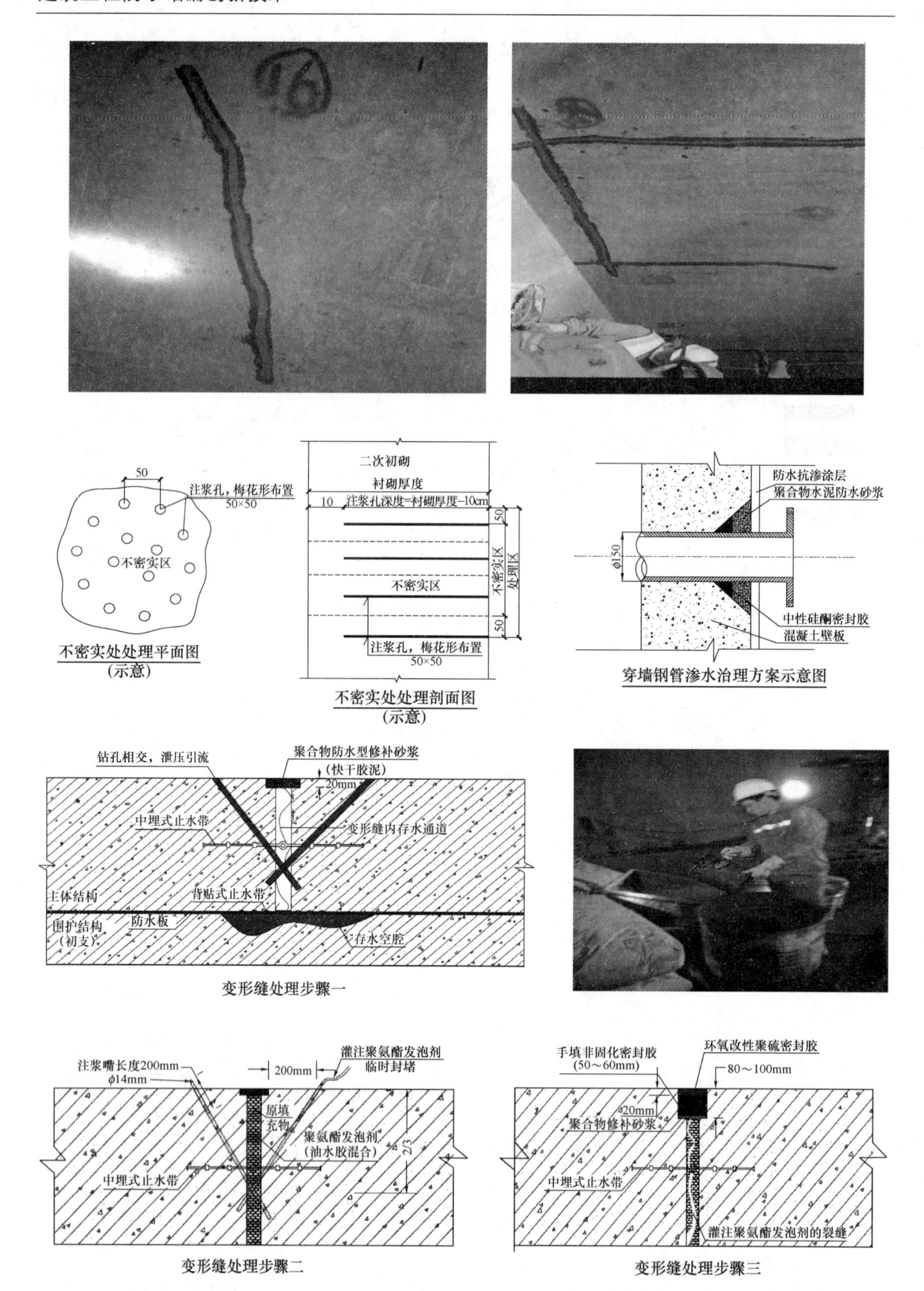

图 8-32　综合整治施工示意图（二）

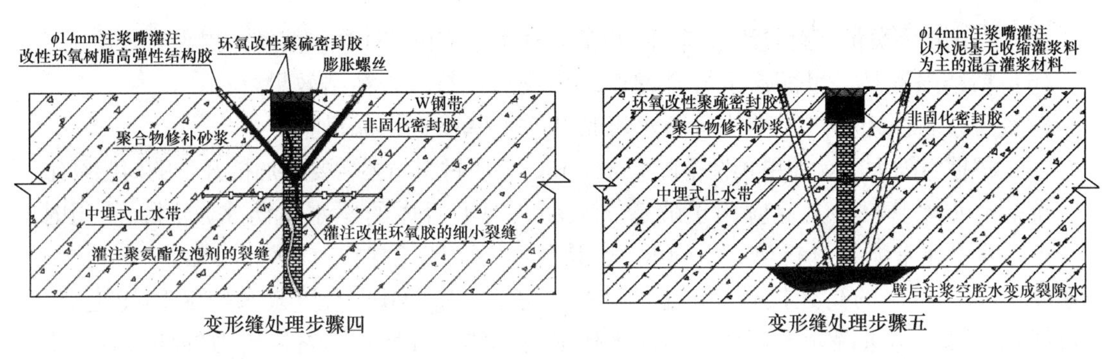

图 8-32 综合整治施工示意图（三）

综合整治效果如图 8-33 所示。

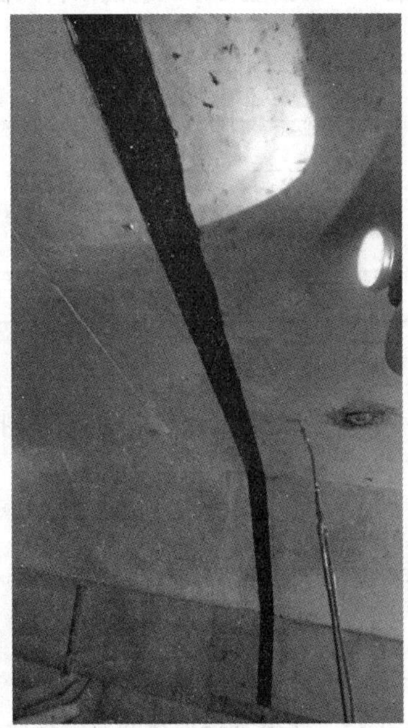
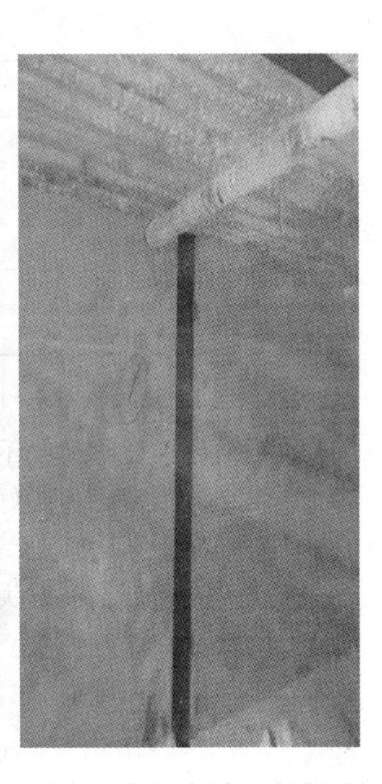

图 8-33 综合整治效果示意图

8.3.6 海港双层集装箱重载铁路隧道的渗漏水整治主要材料

1. KT-CSS-18 抗盐分改性环氧树脂结构胶

KT-CSS-18 抗盐分改性环氧树脂结构胶特点及主要情况见 8.1.7 节。

2. 抗盐分水泥基灌浆材料

抗盐分特种水泥基灌浆材料应符合《水泥基灌浆材料》（JC/T 985—2005），国家标准《水泥基灌浆材料应用技术规范》（GB/T 50448—2008）的要求材料必须抗盐分，耐腐蚀，并且水分中盐分含量在 3%～5%的条件下，材料的性能衰减后还能达到相关规范标准。

KT-CSS 系列抗盐分水泥基灌浆材料的性能特点：

（1）无收缩、微膨胀：膨胀率为 2%～3%；

（2）自流平、自密实；

（3）强度高，固化后强度达到 C30～C50 混凝土强度根据施工需要的情况可以调；

（4）超细，可以灌注到 0.8～1.0mm 的缝隙和裂隙中去；

（5）在水中不分散，就是灌浆料配好以后，在水中不再被稀释和溶解，提高有效使用率；

（6）粘结强度高，里面掺了聚合物建筑用胶粉，与围岩粘结效果好；

（7）灌浆料内还掺进了结构自防水母料和水泥基渗透结晶母料；

（8）根据空隙大小，如果预留空隙大于5cm，灌浆材料内还需要添加抗开裂的树脂纤维。

抗盐分水泥基材料主要应用于隧道、大坝、地下岩体的驱水后防水加固。使用时将100kg特种水泥基灌浆材料与40～50kg水混合，用高速搅拌机（500L，大于1000r/min，线速度10～20m/s的高速搅拌机）搅拌均匀，然后用5MPa的压浆泵将浆体压进岩体、压进隧道顶部、压进混凝土裂缝，当与水接触时浆体不分散，随着泵压力的加大，水中不分散高强灌浆料浆体逐渐把水挤走挤出半径范围在20～50m。

表8-11　抗盐分水泥基灌浆料的性能

项目		指标
凝结时间	初凝	2h 10min
	终凝	5h
抗压强度/MPa	1d	≥10
	28d	≥30
	360d	≥40

3. 耐盐分抗震动扰动填塞型防水密封膏

KT-CSS系列密封胶，环氧改性聚硫密封胶，其产品特点：

（1）固结体致密，弹性好，延伸率大；

（2）与基面粘结力强；

（3）固化时间短，25℃失粘时间不大于5h；

（4）抗垂挂性能好，在立面、倾斜面施工不流产。

其主要性能指标见表8-12。

表8-12　环氧改性聚硫密封胶性能指标

项目		技术指标
外观	A组分	棕色黏稠液体
	B组分	灰色膏状物
密度（g/cm^3）		1.55±0.1
表干时间（h）		≤10
下垂度（mm）		≤3
拉伸模量（MPa）		≤0.4
定伸粘结性		无破坏

适用范围：各类水工建筑物及其他工程构筑物（如公路、桥梁、地铁、隧道、渠道、房屋等）混凝土裂缝的防水堵漏和补强加固处理。

4. 耐盐分非固化橡胶沥青灌浆材料（密封胶型）

KT-CSS系列非固化橡胶灌浆材料是橡胶止水带的半成品材料，具有修复橡胶止水带的功能。技术性能见表8-13。

表 8-13 耐盐分非固化橡胶沥青灌浆材料性能表

序号	项目		技术指标
1	固含量/%		≥ 99
2	不透水性（0.2MPa，30min）		不透水
3	低温柔性/℃		－25 无断裂、无裂纹
4	耐热性/℃		70
5	延伸性（≥30mm）		合格
6	粘结强度/MPa	干基面≥	0.1
		潮湿基面≥	0.1
7	与卷材粘结剥离强度/（N/mm）		1.5
8	耐酸性/168h	延伸性（≥30mm）	合格
		低温柔性/℃	—20 无断裂、无裂纹
9	耐碱性/168h	延伸性（≥30mm）	合格
		低温柔性/℃	—20 无断裂、无裂纹
10	耐盐性/168h	延伸性（≥30mm）	合格
		低温柔性/℃	－20 无断裂、无裂纹
11	热老化/168h	延伸性（≥30mm）	合格
		低温柔性/℃	－20 无断裂、无裂纹

主要性能特点如下：

（1）永不固化，固含量大于 99%，施工后始终保持原有的弹塑性状态；

（2）粘结性强，可在潮湿基面施工，也可带水堵漏作业，与任何异物保持粘结；

（3）柔韧性好，对基层变形、开裂适应性强，在变形缝处使用优势明显；

（4）自愈性好。施工时材料不会分离，可形成稳定、整体无缝的防水层。施工及使用过程中，即使出现防水层破损也能自行修复，阻止水在防水层后面流窜，保持防水层的连续性；

（5）无毒、无味、无污染，耐久、防腐、耐高低温；

（6）施工简便，可在常温和 0 ℃以下施工。

5. KT-CSS-9019 阳离子丁基改性液体橡胶性能见表 8-14。

表 8-14 KT-CSS-9019 阳离子丁基改性液体橡胶性能

序号	检验项目	技术要求	检验结果	判定	检验依据
1	外观	均匀黏稠体，无结块、凝胶现象	符合要求	合格	Q/HNWCS 01—2019
2	固含量/%	≥93	94	合格	GB/T 19250—2013
3	表干时间/h	≤12	2	合格	GB/T 16777—2008
4	实干时间/h	≤24	8	合格	
5	流平性	20min 时，无明显齿痕	无明显齿痕	合格	GB/T 19250—2013
6	拉伸强度/MPa	≥2.1	2.3	合格	GB/T 16777—2008
7	断裂伸长率	≥550	594	合格	

续表

序号	检验项目		技术要求	检验结果	判定	检验依据
8	撕裂强度/(N/mm)		≥15	16	合格	GB/T 19250—2013
9	低温弯折性		−35℃，无裂纹	无裂纹	合格	GB/T 16777—2008
10	不透水性		0.35MPa，120min，不透水	不透水	合格	
11	加热伸缩率/%		−4.0～+1.0	−1.2	合格	
12	粘结强度/MPa		≥15	1.2	合格	
13	吸水率/%		≤5.0	0.4	合格	GB/T 19250—2013
14	定伸时老化	加热老化	无裂纹及变形	无裂纹及变形	合格	GB/T 16777—2008
		人工气候老化	无裂纹及变形	无裂纹及变形	合格	
15	热处理（80℃，168h）	拉伸强度保持率/%	80～150	103	合格	
		断裂伸长度/%	≥450	495	合格	
16	碱处理[0.1%NaOH+饱和 $Ca(OH)_2$ 溶液，168h]	低温弯折性	−30℃，无裂纹	无裂纹	合格	
		拉伸强度保持率/%	80～150	88	合格	
		断裂伸长度/%	≥450	581	合格	
		低温弯折性	−30℃，无裂纹	无裂纹	合格	
17	酸处理（2% H_2SO_4 溶液，168h）	拉伸强度保持率/%	80～150	87	合格	
		断裂伸长度/%	≥450	556	合格	
		低温弯折性	−30℃，无裂纹	无裂纹	合格	

检查依据：《建筑防水涂料试验方法》GB/T 16777—2008 等

8.3.7 结束语

充分考虑海港的复杂地质条件和水文气候等因素，针对广州南沙港双层集装箱重载铁路隧道渗漏水的病害，分析渗漏水的原因，采取针对性的整治技术措施，达到设计对隧道地下工程一级防水的要求。抗盐分、耐腐蚀的新材料组合，结合抗盐分的堵漏施工技术措施，成功解决了南沙港双层集装箱重载铁路隧道渗漏水的难题，为类似海港、海底等地下工程抗盐分堵漏技术措施提供了借鉴。

8.4 骆翔宇博士“背水面防水堵漏”的探索图示

衡阳盛唐高科防水工程公司 唐东生 聂虎 整理

8.4.1 一宁居防水堵漏四部曲（图 8-34）

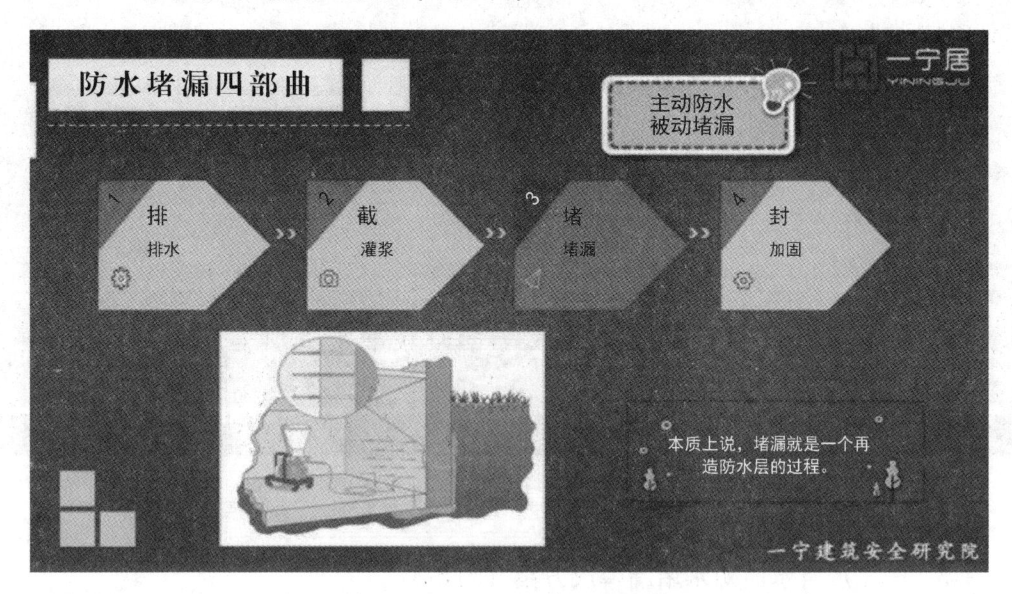

图 8-34 一宁居防水堵漏四部曲

8.4.2 一宁居现有背水面防水材料（图 8-35）及要求（图 8-36）

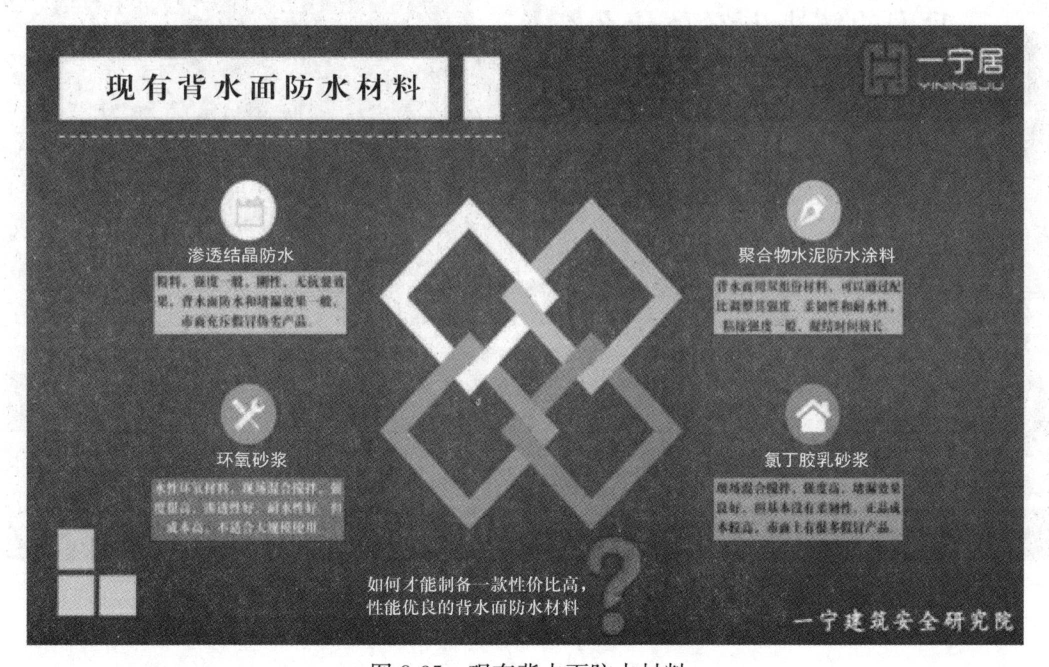

图 8-35 现有背水面防水材料

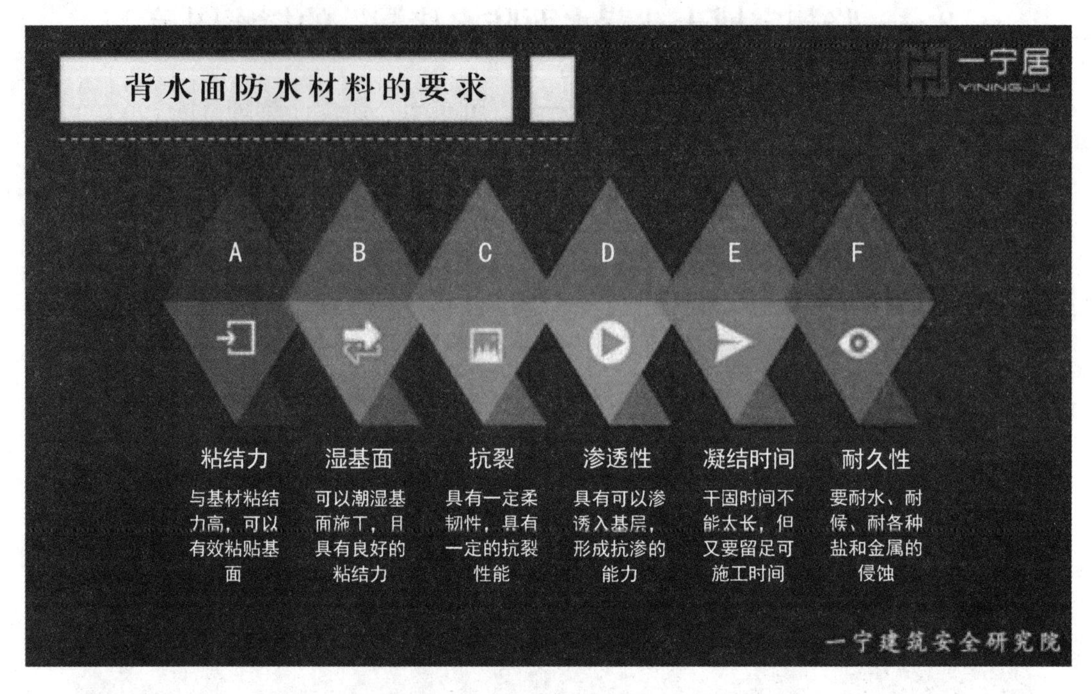

图 8-36　背水面防水材料的要求

8.4.3　一宁居背水面防水堵漏解决方案（图 8-37）

图 8-37　一宁居背水面防水堵漏解决方案

8.4.4　一宁居高强度水泥基堵漏材料的功能（图 8-38）

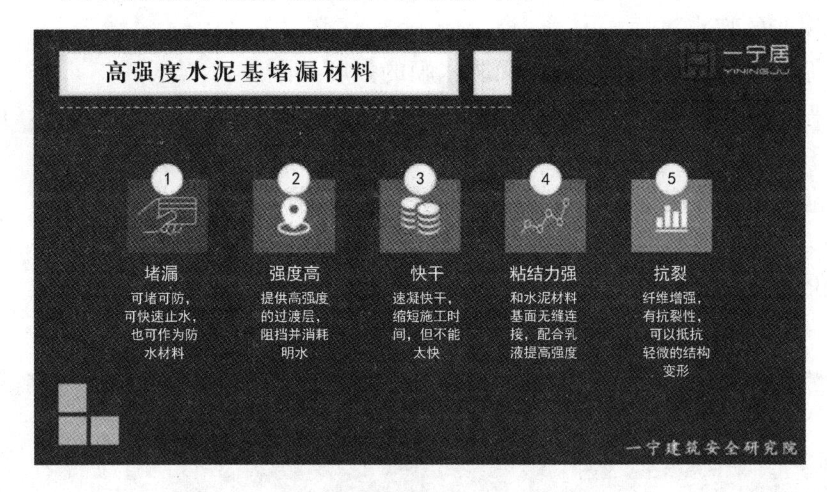

图 8-38　高强度水泥基堵漏材料

8.4.5　一宁居自养护尼龙网络胶乳（图 8-39）与砂浆（图 8-40）

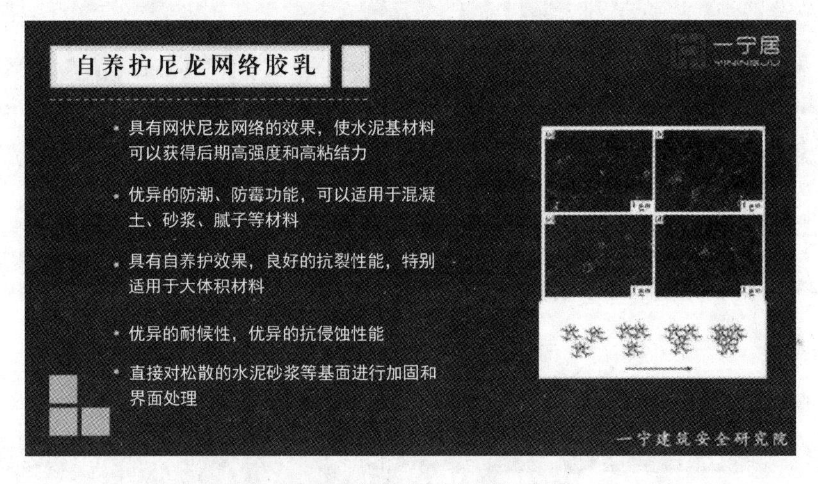

图 8-39　自养护尼龙网络胶乳

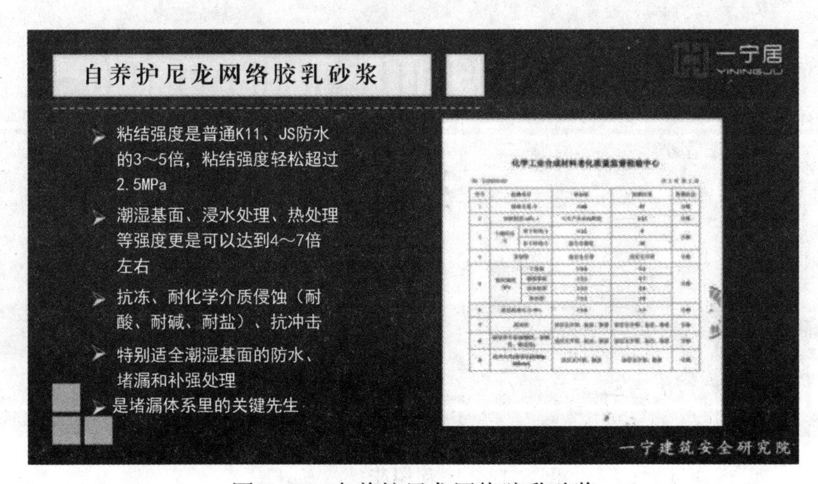

图 8-40　自养护尼龙网络胶乳砂浆

8.4.6 一宁居高强韧饱和树脂

1. 饱和树脂的特点

(1) 用高强树脂大幅度提高背水面防水膜的强度和刚度；

(2) 用高强高渗透性防水膜提高背水面防水效果，抵抗强大的静水压力，可渗入水泥基材料基层 5mm；

(3) 快速成膜，快速干燥，快速形成强度，干燥时间不能超过 10min；

(4) 可以适应不同基面，包括水泥基、木材、金属、塑料等基材；

(5) 性价比高，比环氧树脂具有更高的性价比。

2. 饱和树脂快速干固且耐高温（图 8-41）

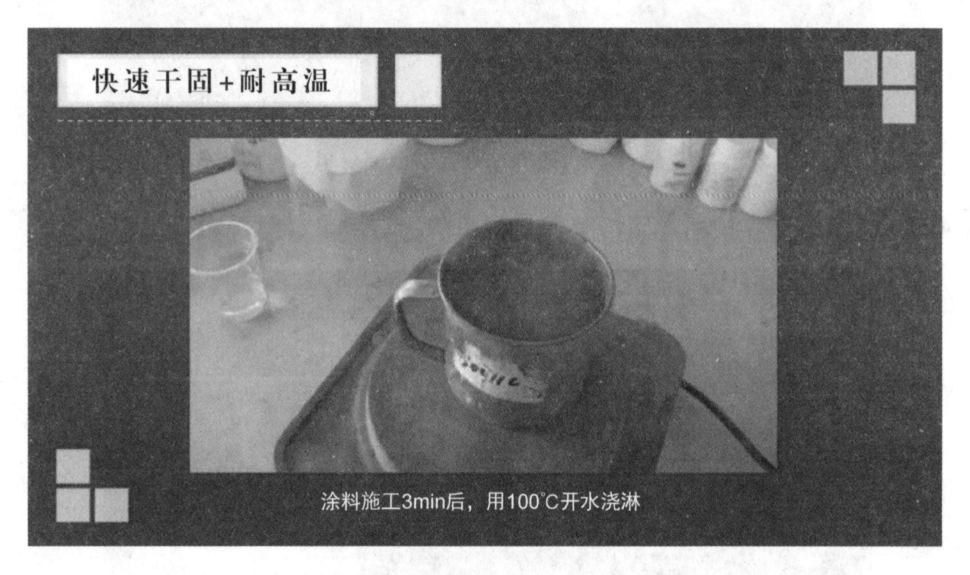

图 8-41 饱和树脂快速干固且耐高温

3. 饱和树脂的喷涂施工（图 8-42）

图 8-42 饱和树脂喷涂施工

8.5　MMA在吉林龙蒲高速标志墩防腐及伸缩缝修复中的应用

赵灿辉[1]，王大义[2]，沈春林[3]

1 北京辉腾科创防水技术有限公司，韩国首尔科技大学防水研究中心，北京 100022
2 吉林富赛交通设施工程有限公司，长春 130519
3 苏州中材非金属矿工业设计研究院有限公司，苏州 215004

摘　要：结合国家重点国防高速公路吉林龙浦高速公路的工程项目，介绍了甲基丙烯酸甲酯（MMA）树脂材料在防水防腐及快速修补方面的应用。着重阐述了MMA材料替代大理石防腐的新工艺，以及代替高强度等级水泥混凝土进行快速修补的施工方法。
关键词：甲基丙烯酸甲酯，防水防腐，施工工艺，快速修补

Application of MMA in Sign Pier Anti-Corrosion and Expansion Joint Repair of Jilin Longpu Expressway

Canhui Zhao[1], DaYi Wang[2], Chunlin Shen[3]

1Beijing HUITENG Waterproof Technology Co. Ltd., Beijing 100022, China
Waterproofing Research center, Seoul National University of Science and Technology, Korea
2Jilin FUSAI Traffic Facilities Engineering Co. Ltd., Changchun 130519, China
3Suzhou Sinoma Non-Metallic Minerals Industry Design and Research Institute Co. Ltd., Suzhou 215004, China

Abstract: The application of methyl methacrylate (MMA) resin material in waterproof, anti-corrosion and quick repair are introduced in conjunction with the project of State Key Highway of Jilin Longpu Expressway. We emphasized the new process of replacing marble with MMA material for anti-corrosion, and the construction method of replacing high number cement concrete for quick repair.
Key words: Methyl methacrylate, waterproof and anti-corrosion, construction process, quick repair

8.5.1　工程概况

吉林省龙蒲高速东起吉林龙井，向西至长白山脚下二道白河，向北至大蒲柴河，是东北边陲重要的国防高速公路。位置属于三高（高寒、高山、高海拔）地带，建设地形结构复杂，地下水位高，穿山越岭，技术难度大。其中穿山隧道数量较多，最长的达7.5km，导致整个建设周期长达5年。由于寒冷期长，高速公路混凝土基座的防水抗冻融问题尤为突出，加上长白山下雪大，高速公路无法扫除，基本采用融雪剂除雪，因此融雪剂的使用

量非常大。融雪剂主要成分可分为两种，一种是以醋酸钾为主要成分的有机融雪剂，该类融雪剂融雪效果好，基本不会腐蚀损害路面，但它的价格较高，一般用于机场等重要场所。另一种则是以氯盐为主要成分的无机融雪剂，如氯化钠、氯化钙、氯化镁、氯化钾等，其特点是价格便宜，仅相当于有机融雪剂的 1/10，缺点是对基础设施的腐蚀很严重。如图 8-43 所示。

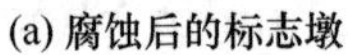

(a) 腐蚀后的标志墩

(b) 大理石施工的标志墩

图 8-43　氯盐融雪剂对设施的腐蚀

原施工方案中标志墩防腐设计为大理石粘贴，因价格昂贵，尤其是运输成本高，切割粘贴人工成本过高，又临近 2020 年 9 月中旬，气温为 10～15℃，粘贴胶不宜固化等因素，已经不适宜继续采用。重新设计的施工方案，采用了低温（－15～－25℃）可以固化，强度高，粘结性能良好，防水防腐性能优异的甲基丙烯酸甲酯（MMA）树脂材料。MMA 聚合后具有三向交联结构，是一种超强耐久性、耐磨性，并具有防水防腐性能的树脂。其特点是：（1）优异的耐久性、不透水性，超高的拉伸撕裂强度，良好的韧性和弹性；（2）优异的抗氯离子渗透能力，优异的耐化学腐蚀能力；（3）良好的耐低温性能，良好的渗透性与耐老化性能，尤其在零下（0～－15℃）可以固化，是这种材料独特的优势。这次东北严寒地区高速公路龙门架底座及标志墩的施工，首次采用 MMA 防水防腐树脂材料，防水防腐效果显著，达到了理想的施工效果。

8.5.2　标志墩防水防腐设计与施工

1. 标志墩 MMA 材料设计要求

如图 8-44 所示，标志墩基础采用比例 1∶20，长 3m、宽 1.5m、高 1.1m。基座以 1∶1.5斜角，宽 2m。表面层与四周涂刷双组分 MMA 防水防腐材料。设计要求表面打磨，浮浆清洁度 SA4 级，粗糙度达到 280～350μm，高渗透封闭，底涂干膜厚度 50μm，抗拉强度不小于 12MPa，断裂延伸率不小于 130%，粘结强度不小于 5.0MPa。

2. 防腐防水材料性能要求与验证

（1）MMA 材料与标志墩混凝土界面之间要有非常优异的粘结性能，能够保护基座免受外界物质如融雪剂与水分的侵蚀，造成混凝土钢筋腐蚀后张裂及冻融现象的发生。

（2）MMA 与底涂黏结强度大。15～20℃温度条件下实测结果：MMA 与高渗透封闭底涂之间的拉拔强度不小于 1.16MPa，内部黏结状态良好。

3. 标志墩防水防护施工工艺

1）施工前准备

①作业人员戴好防尘眼镜、防尘口罩；②检查打磨机是否运转正常；③初步清扫后，启动打磨机，除去混凝土表面的浮浆、油污、尘土等附着物；④进行溶剂清洗；⑤喷灯烘烤处理；⑥用电动吹风机将灰尘粉末清理干净，最好用电动吸尘器吸除浮尘与残留湿气。

2）MMA 防水防腐层施工

（1）秋季的长白山天气变幻莫测，根据前一天和当天的天气加上表面干燥程度，选择采用水性底涂和油性底涂，以干燥含水率 8%为界限，确保干透后再进行下一道 MMA 的滚涂工序。

标志墩基础立面

1:1.5

双组分MMA涂层

行车方向

图 8-44　标志墩设计图

（2）滚涂作业前对底涂干燥度和原材料进行抽样检查，确认材料品种、颜色和包装等均满足技术要求后，准备好搅拌器、滚筒、刮板和引发剂（50%含量过氧化苯甲酰，BPO）及量杯。

（3）搅拌组开盖后先充分搅拌 MMA 混合料 5min，待底部辅料与树脂充分搅拌均匀后，以 25kg 料为基准投入 2%～3%BPO 引发剂，再充分搅拌 2～3min。把混拌后的材料以条状倒在基座面后，刮涂组用塑料刮板刮均匀，并用中毛滚筒进行均匀滚刷，并确保厚度在 1～1.5mm，均匀摊铺，横竖两次拉毛滚刷。杜绝忘加或少加引发剂而造成 MMA 不固化的质量问题（图 8-45）。

图 8-45　标志墩 MMA 防水防腐层施工

8.5.3 高架桥伸缩缝 MMA 快速修复工艺

龙浦高速仙峰岭高架桥在 2020 年 12 月 30 日竣工通车后不到一年，处于高海拔、高寒的仙峰岭隧道前，高架桥伸缩缝破损严重（C20 混凝土伸缩缝），尤其是梳齿形伸缩缝钢板翘起，已严重危害过往车辆的安全（图 8-46）。

图 8-46 高架桥伸缩缝损毁严重

1. 施工前的准备

（1）首先进行安全围挡的安装，确保过往车辆及施工人员安全情况下再进行施工。拆卸梳齿形伸缩缝的螺母，锈蚀的螺母利用丙烷气喷灯烘烤，喷涂除锈剂，大锤套筒扳手，或者利用乙炔气切割螺帽拆卸，再用电镐和风镐刨出原先 C20 旧混凝土（宽 40cm、深度 6cm）。

（2）对变形或塌腰的钢筋整形拉直，变形螺杆拆换，橡胶排水暗槽清淤，梳齿扣板拍平，扣盖中轴渗水处理，淤水部分堵漏灵封堵，积水处抽水，煤气喷枪烘烤，为 MMA 快速修补料施工做好必要的前期准备工作。

2. MMA 快速修补工艺过程

将 MMA 填缝粘合剂（A 料和填缝粉料 B 料）以 1∶5 混拌（外加 0.5～1cm 石子），凝固时间不低于 45min。研究表明：MMA 修补料的收缩接近于零，拉伸强度为 46MPa，抗弯强度为 90MPa。因材料快速固化，骨料偏大的原因，采用 15kg 粉料与鹅卵石 5kg 在铁皮板上预混拌后投入 5kg 粘合剂，750g 引发剂，并使用墙壁钻孔机来代替一般搅拌机迅速搅拌 1～2min 后投入到伸缩缝中，用钎子振捣夯实，再用抹灰刀压实，压光找平与沥青混凝土平整，待 1h 后，用 MMA（调成黑灰色）加引发剂在新填充料与沥青混凝土结合处涂刷美缝收尾（图 8-47）。

图 8-47 MMA 快速修补高架桥伸缩缝

此次工期 35 天，修复了条形伸缩缝（宽 80cm、长 22m）45 条、梳齿形伸缩缝 35 条。解决了传统强度等级高的混凝土固化时间长、封闭养护时间长的缺陷，实现了 1h 快速施工免养护，2h 即可开放通车的高效率，得到保定申成甲方和吉高集团的高度认可。

有关参考图片如图 8-48 所示。

图 8-48 有关参考图片（一）

图 8-48　有关参考图片（二）

8.5.4　结语

高寒地带的高速公路混凝土标志墩和高架桥伸缩缝防水、防腐、抗冻融防破损问题，是一个世界性难题，其关键性工艺和材料关系到高速公路的结构耐久性和国民安全问题。本文结合吉林长白山山区高寒地带龙蒲高速公路工程，对甲基丙烯酸甲酯树脂材料在实际工程中的应用进行了详细介绍，对防水防腐设计、施工工艺及修复施工要点进行了阐述。该工程防水防腐修复的成功经验为国内同类工程提供了借鉴和参考。MMA 树脂材料的制备方法及施工方法，2022 年 5 月 17 日获得国家发明专利证书。

8.6　适用于全刚自防水混凝土的变形缝构造

深圳大学建筑与城市规划学院　张道真　吴兆圣　王　蕾

8.6.1　背景

城市用地日趋紧张，越来越多的建筑地下室工程没有条件进行大开挖工法施工，或者支护与混凝土侧壁紧邻，没有条件施作柔性外防水层——当前地下工程的防水主流技术。促使全刚自防水应用技术在我国得到迅猛发展。

混凝土全刚自防水，并非简单地取消柔性外防水，而需要一系列先进技术的整合。

混凝土百年来的奋斗目标，就是消除裂缝，解决裂缝的最主要措施，从材料上考虑：一是减水，二是工作性，三是裂缝自愈。从混凝土主体宏观上讲，设置后浇带及变形缝则是最主要措施。

绝大多数传统变形缝与柔性外防水配合使用，互为补充，较少独立承担裂缝处防水。取消柔性防水，必须对传统变形缝进行针对性的革新。革新的主要方向是“简”。浇筑混凝土时，应当以最少的干扰确保混凝土在变形缝处的浇筑质量，换句话说，变形缝处的混凝土主体形状必须“干净”，变形缝自身的构造设计必须简约。

8.6.2 现状

(1) 中埋式止水带。包括改进的带有钢边止水并附带预注浆系统的最新止水带，同时对混凝土变形缝处的浇筑质量影响最大，最不简约，故当出局。

(2) 变形外置式止水带。因其不宜用于顶板，不能形成连续密封，当它与嵌锚式配合使用，才能完成缝系统的连续密封。不过，外置止水带与内置止水带一样，其密封效果都是靠缝两侧混凝土主体变形后造成的物理挤压产生的。而外置挤压比中置挤压效果差，力度小而且偏心，效果较差，故更宜与柔性外防水层配套使用。

(3) 可拆卸式止水带。在工程实践中，实际应用极少，因这种形式依靠法兰原理，需要机械般的精确，不适合大多数混凝土工程。

(4) 多年前引进的阿拉丁、飞马度和黏胶锚式止水带，则有水土不服问题。主要是土建工程传统留缝工艺过于粗糙，达不到平直的基本要求，赶工期及野蛮施工则更使后一种方式无法得到推广；对较宽的缝，水压较大时，三者都不太保险，特别是用于抗震缝时，变形复杂，胶缝受力不均，易在应力集中处产生渗漏。但实际上，对这三种止水构造影响最大的还是土建施工工艺的过分粗糙。

因此，需要研究一种新构造，既令混凝土结构简单，确保坚实，又能使变形缝止水构造适应混凝土尺寸上的粗糙度，从而达到长久密封的止水效果。

8.6.3 要点

主要内容：简约支模、浇筑；内置空芯止水胶管、充气密封粘固；骑缝设置通长钢方通压盖，两侧抗拔锚栓滑移式固定。

技术关键：

(1) 其中一侧变形缝先浇混凝土，完整支模，不设预埋件，更无任何锚件穿透。另一侧浇筑混凝土前，打磨取平，清理干净，用加稠 EVA 粘贴缝模挤塑板，板厚按设计要求。密度约 35kg/m^3，内表面 50mm 范围内则为 20kg/m^3。

(2) 采用高弹闭孔泡沫空芯止水圆管，内膜 1.0mm 厚，外膜 2.0mm 厚，材质为丁腈橡胶，附带充气管，可委托专业厂家生产。剔除 50mm 内的低密度挤塑板，缝两侧缝模阴角处施打特种耐水环氧黏合剂粘固，达到要求的强度后，截除充气管即刻用胶密封，也可将充气管甩出、扎紧，永久留用。止水管、黏合剂均由专业公司按要求的技术指标提供。

(3) 压盖。

骑缝压盖由 100mm×40mm×4mm 热镀锌钢方通组成，每段长 500mm。

每段中部焊接簸状锚件，100mm×40mm×4.5mm，所有接触部位双面满焊，焊缝 $h>$ 8mm。锚孔均为 ϕ16.5～ϕ26mm 之长孔，满宽通常空铺 30mm×0.7mm 聚乙烯丙纶滑动层。

锚栓应选高科技柱锥式敲击重荷锚栓，ϕ16mm×50mm，自带内螺纹螺栓，粗制 6mm 厚大垫圈，d16.5mm，D 约 45mm。该锚栓可无膨胀力安装，故可在最小边距下保证高度的安全性。其抗拔力取决于钢承载力，可达 20kN。压盖拟分段安装。视需要，可采用外扣槽钢，对拉螺栓加强，也可在段与段之间打入套筒连接：铝方筒套筒约 92mm×32mm×3mm，长 100mm。必要时，钢方通上壁可设置定位螺钉。

地坪缝处应加作护盖。平顶及侧壁可不设，与墙面同时喷涂饰面涂料即可。以上内容详见图 8-49。

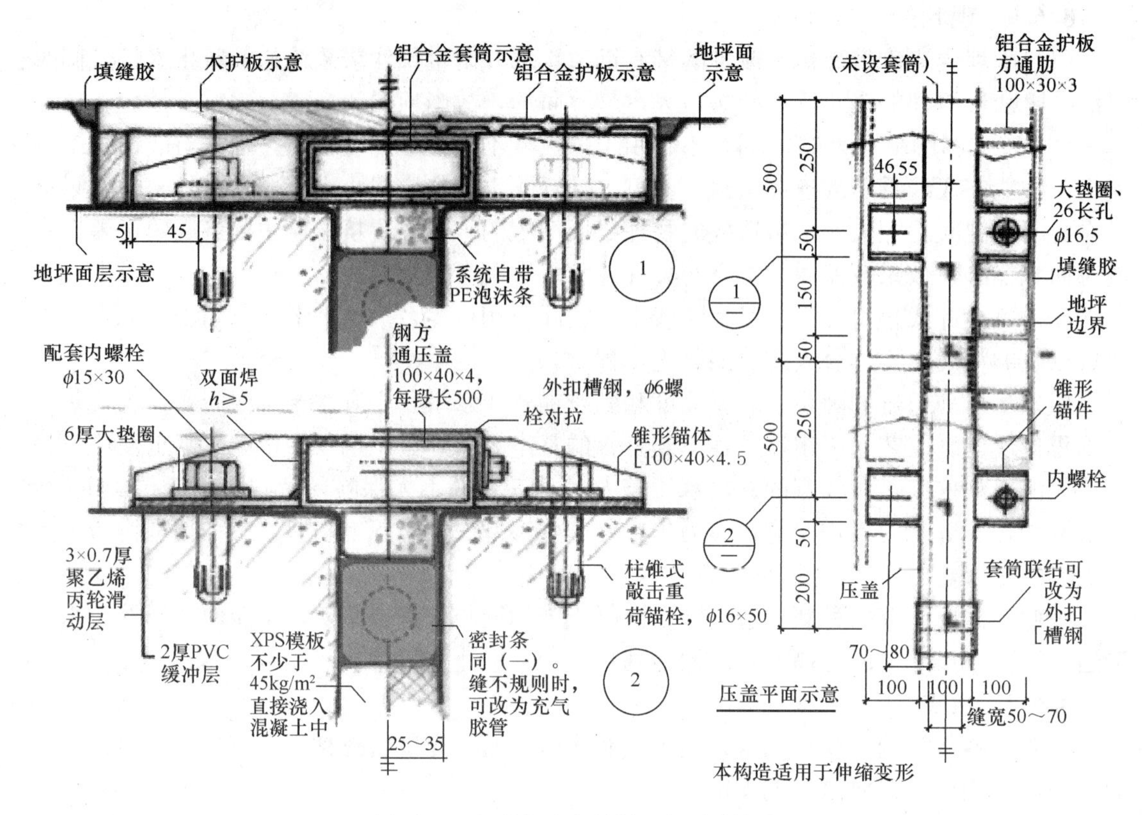

图 8-49　全刚自防水混凝土变形缝构造

预期目标：

（1）填补了空白。使急速发展的全刚自防水混凝土技术形成完整体系。

（2）变形缝采用密封抗压先拆分后整合的技术，密封原理清晰，防水可靠，有望改写“十缝九漏”之现状。

（3）构造简而明。室内操作，改善工作条件，效率高，彻底改变破坏性维修，从而大幅延长整个工程的正常使用寿命。

8.6.4　后续

（1）与专业公司合作试验，完善技术参数，深化现场工法。

（2）与变形缝专业公司联合，积极推动该技术转化工作（注：已有变形缝企业注意到本技术早期概念设计，寻求合作研究，实现工厂化加工，现场装配）。

8.7　一宗新材料两款新工法

四川童燊防水工程公司　易启洪　丁　力　周　攀

四川童燊防水工程公司自成立以来，就高度重视科技进步。相继研发出改性沥青卷材、高分子卷材、涂料、密封胶、灌浆料等。近几年又开发了一些新材料、新工法、新机具，现简介一种多功能蠕变型防水灌浆材料，两款灌浆新工法与一种喷灌新机具。

8.7.1　TS-136 蠕变型弹性灌浆材料

TS-136 蠕变型弹性灌浆材料由聚醚等多种化合物，经过特殊工艺生产而制成，具有蠕动性、自愈性、黏度高和超强柔韧性，耐蠕变、耐疲劳，抗渗透、抗冲击等优良性能。特别对于有一定宽度的缝隙，如变形缝、沉降缝、伸缩缝等，在灌入后，会形成一个超级黏弹体，在温度或荷载发生变化时，会及时修补破坏处，达到自身修复的功能。对地下建筑物、隧道、地铁、管廊等多种工程项目防水施工堵漏，效果优良，达到长久不渗不漏的功效。

蠕变型弹性灌浆材料的特性如下：

1. 具有良好的机械和物理性能。
2. 超强的黏结性和韧性，耐蠕变、抗冲击和耐挠曲疲劳。
3. 低温和高温下能保持良好的柔韧性。
4. 优异的抗老化性能和良好的耐候耐热性能。
5. 优异的环保性能，经过养鱼测试，对鱼类无毒害。

2021 年 10 月蠕变型弹性灌浆材料经四川省建筑工程质量检测中心检测，达到国家标准要求，物理力学性能指标见表 8-15。

表 8-15　物理力学性能指标

序号	项目		技术指标	技术标准
1	定伸黏结性		无破坏（100%）	GB/T 13477.10—2017
2	浸水后定伸黏结性		无破坏（100%）	GB/T 13477.11—2017
3	拉伸黏结性强度/MPa（23℃）		1.0	GB/T 13477.8—2017
4	与混凝土正拉黏结强度/MPa		0.3	GB 50728—2011
5	热老化	热失重/%	8.4	GB 16776—2005
		龟裂	无	
		粉化	无	
6	硬度/shoreA		25	
7	挤出性/s		7.2	

该产品应用范围广：①可独立作涂膜防水；②可与多种卷材复合防水；③可作伸缩缝、沉降缝、施工缝堵漏与裂缝修补；④可作港口、码头、桥墩、大坝、水库灌浆堵漏与加固止水；⑤地质钻探中护壁、石油开采中堵漏与矿井中涌水、止水等；⑥适用于盾构管片拼接缝、注浆孔渗漏水注浆防渗。

8.7.2　地下室后浇带灌浆堵漏及加固方法

现有技术解决后浇带渗水是对后浇带打针注浆处理，但存在一些缺陷。

针对地下室后浇带水位提高后，水压对后浇带混凝土造成破坏，产生渗漏水或涌水问题，根据液压、气压和电力学原理，通过注浆管把浆液均匀地注入地层中，浆液以充实、渗透和挤密等方式，赶走土颗粒间或岩石裂隙中的水分和空气后，占据其位置，经过人工控制一定的时间后，浆液将原来松散的土粒或裂隙胶结成一个整体，形成一个结构新、强度大、防水性能高和化学稳定良好的“结石体”，达到提高地基的不透水性和承载力的目的，确保后浇带部位钢筋混凝土不受水压的冲击，完全达到不渗不漏。具体工法如下：

1. 工法原理

1）采用低压、慢灌、快速固化、间隙性控制灌浆做法，加强灌浆时结构的监控和检测，防止结构因为灌浆造成底板抬升。

2）通过系列控制灌浆工法：低压、慢灌、快速固化、分遍多次间隙性灌浆，灌浆饱满度好，还能修复钻孔对防水层的破坏和原来被破坏的防水层，灌浆固化后的材料相当于把防水层浇筑在灌浆的混凝土内，不存在窜水的问题，就修复了防水层破损的问题，同时又起到了对后浇带的加固作用。

3）把后浇带的外面存水空腔充填满，把空腔水变为裂隙水，把压力水挤压到建筑物的外侧，使压力水变成无压力水或微压力水，这能从根源上解决渗水问题。灌浆料与土体紧密结合形成一个整体。待灌浆成型后，其结构形状穿插在底板之间，形成一个榫卯结构，更加紧密牢固。在解决渗水问题的同时，对地下建筑起到加固作用。

4）一般普通灌浆是一个个挨着灌，没有考虑水的流向，容易造成几个灌浆点之间把水包裹住，流不出去。我们的灌浆方式是将地下水依一定方向向四周散开把水排出，这样能够保证各灌浆点之间没有积水，稳定性更好。

2. 工艺流程

基层清理→核对灌浆部位→布孔→钻孔→清孔、护孔→布嘴→配制灌浆液→灌浆，反复检查灌浆→固结→拆嘴

3. 工艺做法

1）基层清理：专业施工人员清理基层表面的杂质。

2）核对灌浆部位：根据现场位置，核对施工图，分析具体灌浆部位。

3）布孔：对地质进行分析，根据地质情况从后浇带一端向另一端布孔，沿后浇带边线向左右两边间距300～350mm布孔，沿后浇带长度间距1.7～1.8m布孔，依据等边三角形原理，沿1.7～1.8m边长位置布孔，后浇带中心线上布孔，孔中心垂直于地面。

4）钻孔：布孔完毕后，施工人员根据布孔位置钻孔，孔径为22～25mm，深度为进入土体1～1.2m，根据实际情况而定。

5）清孔、护孔：钻孔后须立即将孔内渣土清理干净。清孔干净后须采用措施保护孔洞，严禁杂物入孔。

6）布嘴：在钻好的孔内安装灌浆注浆管（管上有小灌浆孔，管上安装有阀门，可控制开关），使灌浆嘴周围与钻孔之间无空隙，不漏水，并确保高压灌浆时不松脱。

7）配制灌浆液：配制灌浆液，严格按照浆液配合比，将水泥和水按照1：1比例搅拌20min，同时将水和童燊多功能高强水性灌浆剂按照50：1比例搅拌5min左右。

8）灌浆，反复检查灌浆：使用液压双液注浆泵试压，不得超过结构受压范围。向灌浆孔内灌注灌浆液。从后浇带一侧向另一侧逐步灌注，注浆顺序依照图8-50所示的序号进行注浆，灌注压力为0.5～1.6MPa，要多次补充灌浆，主要使水泥浆与土石紧密结合，直到灌浆的压力变化比较平缓，稳定后才停止灌浆，关闭灌浆管上的阀门，改灌注相邻灌浆孔。

9）固结：等待浆液固结。

10）拆嘴：灌浆完毕，应观察一段时间，当不漏水后把多余的高出地面的管子切割掉。

以上做法如图8-50、图8-51所示。

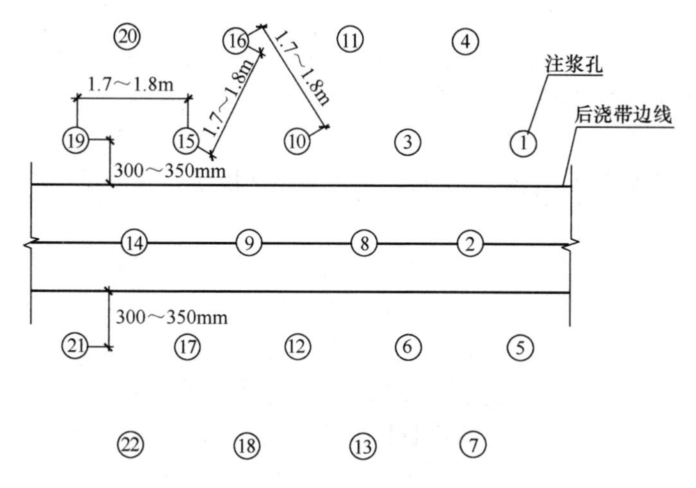

图 8-50 后浇带渗漏治理布孔示意图（一）

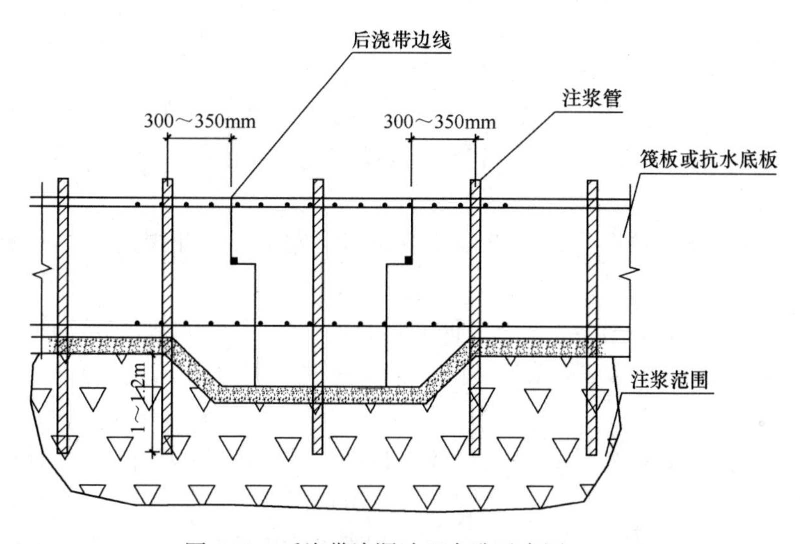

图 8-51 后浇带渗漏治理布孔示意图（二）

8.7.3 洞井型结构防水封堵工法

对于洞井型结构（如降水井、管井、深洞等）堵漏，现有两种做法：一是抽水降水后，立即灌入混凝土强制封堵；二是往深井里倒入碎石，再灌混凝土封堵。现有技术存在一定缺陷。

宜采用布袋型灌浆工法，解决大型及深度洞井结构长期渗水、施工困难等问题。其优点是：①封堵速度快；②由于布袋的充灌形态可以变化，解决引流问题；③洞井太深，无法判断其深度，无法将其全部填满。布袋式灌浆解决了材料浪费、成本节约问题。封堵后未出现渗水情况，还对周围土体起着加固作用。

1. 工艺流程

施工准备→确定封堵部位，清理周边→制作及安装布袋和管道→放入布袋及管道，固定其位置→布袋内注浆→布袋下部灌浆→观察灌浆情况→封堵布袋上部。

2. 施工做法

1）施工准备

对施工人员进行技术交底，检查材料、工具均符合要求。

2）确定封堵部位，清理周边

将洞井结构周边清理干净，除去杂物，确定封堵深度位置。

3）制作及安装布袋和管道

根据洞井结构大小，定制布袋、管道（管道直径为 ϕ22～ϕ30mm）与支架。制作布袋，布袋留出 3 个洞，呈三角形布置，在布袋上部设置拉环，布袋大小设计为膨胀后与侧壁贴合面 1～1.2m 深。制作注浆管 A 穿过布袋底部 1～1.5m。一根注浆管 B，长度以插入布袋中心深度为准，一根排水管 C 穿过布袋底部，超过布袋底部 30～35cm。将管 A 从布袋中孔穿过，管 B 插入布袋中，管 C 穿过布袋，并将管道与布袋接触部位黏结密封牢固。A、B、C 三管位置距离洞井侧壁为 1/2 洞井半径 r。将 A、B、C 管用钢筋焊接在一起，形成三角形支架，在布袋上端焊接，固定布袋位置，再在洞井口外焊接一个三角形支架，固定灌浆口位置，形成一个整体 D。

4）放入布袋及管道，固定其位置

准备工作完成后，将 D 放入洞井中，先将布袋上拉环用绳索穿过，再慢慢放入 D，放置深度离洞井口 1～1.5m。位置定好后，将上部支架和绳索固定在四周。

5）布袋内注浆

固定好位置后，A、B、C 管道上都设置有阀门，先全部打开阀门，并将管 B 连接注浆机，压力控制在 0.2～1MPa，注入调配好的速凝水泥浆，凝固速度很快，浆液填充布袋，布袋被灌满后，由于支架的限制，布袋会向四周膨胀，就会与洞井侧壁贴紧黏结，布袋的好处就是能够与不同形状的侧壁紧密贴合。

6）布袋下部灌浆

待布袋内水泥凝固后，水流会从 A、C 阀门流出，将 A 阀门关闭后，连接灌浆机，压力控制在 0.5～2MPa，注入聚氨酯材料（这种材料密度比水轻），水压会把注浆材料向上顶，材料会堆积填充布袋底部。

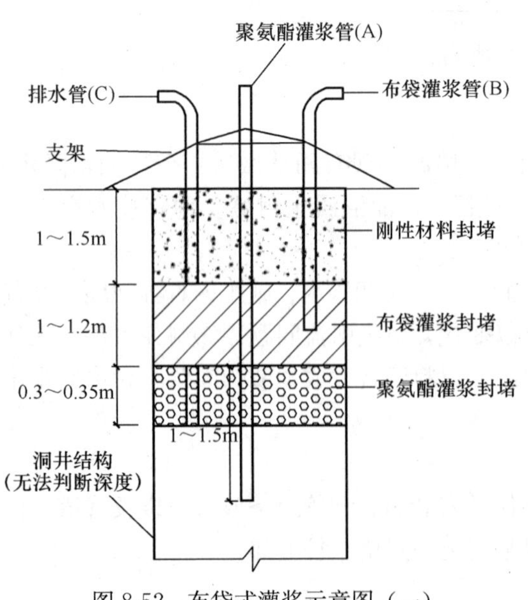

图 8-52　布袋式灌浆示意图（一）

7）观察灌浆情况

灌浆过程中要一直观察，直到从 C 阀门流出浆液，稳定 2～3min 持续流出浆液（此过程浆液可以反复使用），就停止注浆，关闭 C 阀门，A 继续注浆 2～3min，停止注浆，关闭 A 阀门。

8）封堵布袋上部

待固化达到要求的强度，观察不渗水后，将布袋上部空位用刚性材料填充抹平。

以上做法如图 8-52、图 8-53、图 8-54 所示。

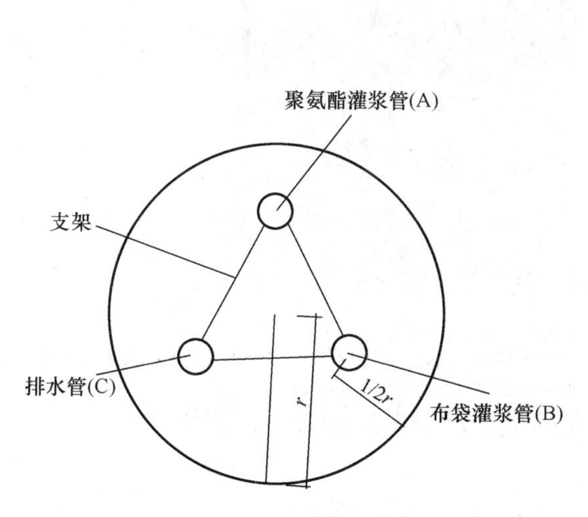

图 8-53　布袋式灌浆示意图（二）

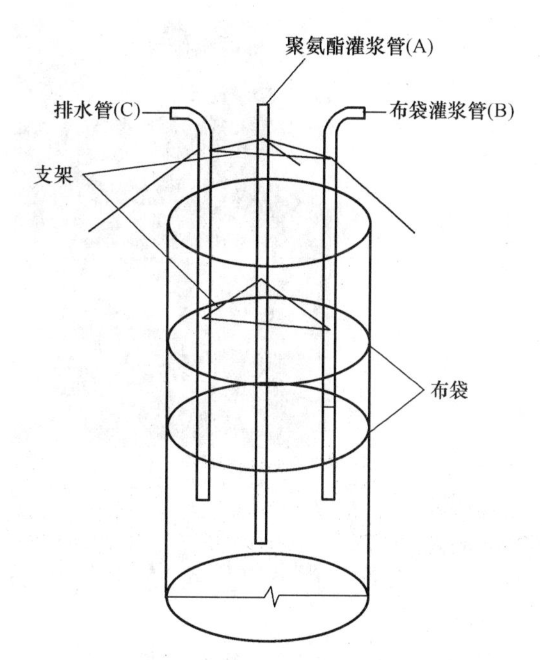

图 8-54　布袋式灌浆示意图（三）

8.7.4　童燊灌浆机 TS-G01

1. 技术参数

排浆量：2.5m³/h	出浆口直径：20mm
工作压力：0～5MPa	吸浆口直径：25mm
电机功率：3.0kW	外形尺寸：78cm×56cm×78cm
噪声功率级：68dB(A)	整机质量：120kg

2. TG-G01 液压灌浆机的功能

液压灌浆机用于水泥＋华千素浆液、黄泥浆、水玻璃、油、水等多种介质的泵送和压力注浆，可同时泵送两种介质，也可单独泵送一种介质。它主要用于地下建筑渗漏治理及加固、隧道注浆，也适用于煤矿、建井以及井下防水工程、修建水坝、大型桥梁等各类工程。

液压灌浆机既能灌注单种介质（例如水泥＋华千素），也能灌注两种介质，但是不能灌注砂浆。双缸双液灌浆机能同时实现两种液体的吸排作业，性能稳定，使用寿命长，压力大小调节方便，移动便捷。通用搭配：水泥＋华千素＋水＝无机注浆技术堵漏加固材料。

无机注浆可用于岩体、土体、管廊、隧道、大坝、电梯井、电缆沟、地沟、水池、污水池、涵洞、船坞、矿井、泵房、冷却塔、伸缩缝、交接缝、施工缝、断裂缝、地下室等受注体；无机注浆材料适用于加固注浆、充填注浆、帷幕注浆、渗透注浆、压密注浆、劈裂注浆、灌注桩后注浆、高压喷射注浆等。

3. 童燊灌浆机形貌如图 8-55 所示。

图 8-55　TS-G01 型液压灌浆机形貌

8.8　严寒地区高铁隧道无砟轨道渗漏水根治技术措施

李晓东、陈森森、王　军、张克明、陈华煜

(南京康泰建筑灌浆科技有限公司，江苏　南京　210046)

摘　要：通过对京张高铁崇礼支线太子城隧道的无砟轨道板的渗漏水原因分析，考虑在严寒地区具备冻胀的条件因素，还有高铁通过的时候存在震动扰动和荷载扰动，容易形成结构层之间离缝，造成渗漏水加剧，冻胀会太高轨道板，容易造成行车隐患，采用KT-CSS控制灌浆工法、结合保温排水措施等综合技术根治渗漏水，解决了严寒地区高铁隧道无砟轨道渗漏水的难题。

Abstract: by analyzing the causes of water leakage ofballastless track slab in taizicheng tunnel of Chongli branch line of Beijing Zhangjiakou high speed railway, considering the conditions of frost rise in severe cold areas and the vibration disturbance and load disturbance when the high-speed railway passes through, it is easy to form joints between structural layers, resulting in increased water leakage. The frost rise will be too high track slab, which is easy to cause hidden dangers of driving, Kt-css controlled grouting method, combined with thermal insulation and drainage measures and other comprehensive technologies are adopted to cure the water leakage, and the problem of water leakage of ballastless track of high-speed railway tunnel in severe cold area is solved.

关键词：严寒地区；高铁隧道；无砟轨道；渗漏水整治；堵排结合；保温抗冻涨

Key words: severe cold area; High speed railway tunnel; Ballastless track; Water leakage treatment; Plugging and drainage combination; Heat preservation and frost resistance

8.8.1　工程概况

京张高铁崇礼铁路全长 53.84km，南起京张高铁下花园北站，北至崇礼区太子城奥运村，是京张高铁的重要支线。而太子城隧道全长4775m，是崇礼铁路最后一条隧道。太子城隧道位于河北省张家口市崇礼区，地处内蒙古高原与华北平原的过渡地带。

8.8.2　无砟轨道渗漏水的现状

无砟轨道板阴角渗漏水；无砟轨道板上面开裂渗漏水；电缆沟阴角渗水；侧边水沟排水不通畅；中心水沟排水不通畅；地板施工缝渗漏水；地板存在不密实渗漏水。渗漏现状如图8-56所示。

图8-56　渗漏现状

8.8.3 整治的基本原则和技术要点

1. 基本原则：

（1）坚持安全第一、质量为本的原则，精心组织，精心施工。

（2）坚持科学性、先进性、经济性、合理性与实用性相结合的原则。

（3）做好配合、协调工作，确保施工整治按期完成。

2. 技术要点：

（1）隧道堵漏、缺陷整改方案和施工要符合确保质量、技术先进、经济合理、安全适用的要求。

（2）全包防水结构的防水设计应遵循"以防为主、刚柔结合、多道防线、因地制宜、综合治理"的原则，采取与其相适应的防水措施；堵排结合、以堵为主、以排为辅、限量排放，综合整治。

（3）隧道堵漏、缺陷整改方案和施工要采用经过试验、检测和鉴定，并经实践检验质量可靠的新材料，行之有效的新技术、新工艺，也应符合国家现行的有关强制性规范、标准和规定，例如：《混凝土结构加固设计规范》（GB 50367—2013），《混凝土裂缝用环氧树脂灌浆材料》（JC/T 1041—2007），《混凝土结构耐久性设计标准》（GB/T 50476—2019），《铁路混凝土结构耐久性设计规范》（TB 10005—2010），《工程结构加固材料安全性鉴定技术规范》GB 50728—2011，《高速铁路桥隧建筑物修理规则（试行）》（铁运〔2011〕131 号），《客运专线无砟轨道铁路工程施工质量验收暂行规定》，《京沪高速铁路有碴轨道工程施工质量验收暂行标准》，《客运专线无砟轨道铁路工程施工质量验收暂行标准》（铁建设〔2007〕85 号），《高速铁路无砟轨道线路维修规则（试行）》（铁运〔2012〕83 号）。

（4）隧道堵漏、缺陷整改方案和施工必须符合环境保护的要求，并采取相应措施。

（5）隧道堵漏、缺陷整改方案要根据通车后列车对隧道震动扰动和荷载扰动的使用条件，尤其方案要注重抗震动扰动和不均匀荷载扰动的使用条件，堵漏在刚柔相济，尤其"柔"上做好特别的防护，加固要在"刚"上和黏结力上做好防护，要抗震动疲劳和压缩风扰动等高铁特有的条件，防水堵漏和补强加固需要同时进行。

（6）确立严寒地区抗冻胀的堵漏和加固的要求，以满足达到原来设计理念的要求。

（7）隧道结构防水堵漏后达到地下工程防水等级为一级，不允许渗水，结构表面无湿渍。

（8）此项目的堵漏方案必须考虑的技术要点：

① 通车后，列车对结构的震动扰动和荷载扰动条件下的堵漏和缺陷修复技术。

② 隧道防水堵漏同时兼顾补强加固技术。

③ 因为严寒地区抗冻胀条件下，堵漏和加固的工艺、材料、工法等必须考虑抗冻胀的技术。

④ 把现有缺陷根治和后期缺陷预防一起考虑，在通车前就把缺陷和病害全部整治完，不给通车后留下隐患，造成通用车后利用天窗点维修造成施工困难度大和需要大笔整改资金。

⑤ 隧道地板的渗漏水的关键性技术是把无序的水变成有序的水，把分散的水变成集

中的水，恢复原来隧道的防排水设计理念的要求，再加上抗冻胀措施，可以根治严寒地区隧道地板的渗漏水。

8.8.4 针对性的主要步骤

（1）首先排查渗漏水范围和严重程度，无砟轨道板之前的渗漏水记录及历史渗漏的位置。

（2）目前确定了1500m渗漏水范围，渗漏水严重，这一段为浅埋保温水沟，不是深埋沟。

（3）对严重漏水地段的位置，在水沟侧墙采用专用的钻机钻透水沟和矮边墙的二衬结构，钻到初期支护。把二衬背后的水泄压引流到水沟内，恢复设计横向排水盲管的功能，一部分透水软管，因为浇筑结构或水垢而失去作用。采用100mm的孔径、纵向间距2～3m布置一个水平钻孔，因为结构的不确定性，一般不可能每个钻孔都会引流出水，需要多布置孔来增加引排水的几率。合福高铁和吉图珲高铁的部分项目部采用每隔2～3m布置水平钻孔引流水的措施，后期效果非常好。

（4）在两侧的侧边中间水沟位置，采用专用钻机钻100mm孔径的孔。垂直钻孔，打穿仰拱结构，把仰拱下面的水泄压引排到水沟内。建议每隔4～5m布置一个泄压孔。

（5）对水沟与地板的阴角，有渗水的部位，灌注低黏度改性环氧结构胶充填水沟和地板之间夹层的空隙，把夹层的水挤出去，并且粘结了水沟底部和地板之间，根治了阴角渗漏水。对阴角再采用环氧改性的聚硫密封胶填塞，进一步巩固阴角渗漏水的整治效果，预防通车后的震动扰动和荷载扰动而造成的再次开裂渗漏水。

（6）对水沟和无砟轨道之间的地板，紧靠电缆沟侧墙，设计有半圆槽的位置，采用专用钻机钻100mm孔径的孔。垂直钻孔，打穿仰拱结构，建议间距4～5m布置一个泄压孔，再采用专用改装的深槽开槽机（槽宽度15cm左右，深度80cm），采用做完环氧防腐涂层的10cm宽度槽钢，保持盲沟的空间高度在20cm，在半圆槽留地漏的位置，垂直预留80mm的PVC管，槽钢上面做土工布和10cm苯板保温层，再采用非固化橡胶沥青密封胶封闭2～3cm，然后采用无收缩聚合物防水型高强度修补砂浆把槽浇筑完成，刚柔相济，按照设计标准预留半圆槽，与周边的半圆槽相顺接。

（7）对于无砟轨道板阴角有渗漏水或以前有渗漏水记录的，证明无砟轨道与地板结构层之间有夹层离缝，为防止通车后的震动扰动和荷载扰动，以及剪切力，造成翻浆冒泥的情况，防止有水窜到夹层的离缝位置，必须采用耐潮湿、耐严寒的改性环氧结构胶灌注到这个夹层的离缝内，并且还同时需要对无砟轨道和地板之间植筋锚固以抵抗剪切力造成的摩擦力。需要在无砟轨道上垂直钻孔，孔径14mm，深度35～40cm，安装12mm直径的螺纹钢作为植筋，安装注浆针头，采用KT-CSS控制灌浆工法（低压、慢灌、快速固化、间隙性分层、分序灌浆工法），灌注改性环氧植筋胶，此胶需要耐潮湿、耐严寒、水中固化、高强度、无溶剂、低黏度、固化后有一定韧性（延伸率在8%左右），在灌浆改性环氧材料的选择上采用耐潮湿、低黏度、改性有韧性的环氧树脂结构胶灌浆材料（符合国家行业标准《混凝土裂缝用环氧树脂灌浆材料》JC/T 1041—2007、《工程结构加固材料安全性鉴定技术规范》GB 50728—2011的规定），可以抗通车后的震动扰动和荷载扰动，以及剪切摩擦力，孔之间的间距为30～40cm，梅花型布置。无砟轨道板的阴角位置需要清理，临时先用聚合物快干胶泥封闭，防止灌注环氧之后漏胶，确保灌浆的饱满度和灌浆的效果。

（8）处理过渗漏水的无砟轨道板的阴角，水沟电缆沟的阴角堵漏完成的，清除前面临时封堵的胶泥，阴角切 V 形槽 2cm，清理干净，保持干燥，采用环氧改性聚硫密封胶封闭，进一步巩固离缝和夹层的堵漏效果，为防止通车后的震动扰动和荷载扰动而渗漏水，刚柔相济。

（9）对在无砟轨道之前施工的，在地板上做的开槽埋设的槽钢排水系统，因为埋深浅，冬季下面有水，容易造成冻胀，对无砟轨道结构有开裂的隐患和渗漏水出来结冰的隐患，需要采用灌注改性环氧封闭这个以前临死的排水系统。

（10）在无砟轨道的中间的地板，在渗漏水严重的位置，需要采用专用钻机钻 100mm 直径的孔。垂直钻孔，打穿仰拱结构，建议间距 4～5m 布置一个泄压孔，把仰拱下面的水泄压引流出来，减少地板的裂缝的水压力，然后再开深槽或钻孔，向中心排水盲管内引流，做保温措施，再采用专用改装的深槽开槽机（槽宽度 15cm 左右，深度 80cm），采用做完环氧防腐涂层的 10cm 宽度槽钢，保持盲沟的空间高度在 20cm，在半圆槽留地漏的位置，垂直预留 80mm 的 PVC 管，槽钢上面做土工布和苯板保温层 10cm，再采用非固化橡胶沥青密封胶封闭 2～3cm，然后采用无收缩聚合物防水型高强度修补砂浆把槽浇筑完成，刚柔相济，与地板结构一样平整。

（11）在中间有检查井的位置，在井壁侧边，采用专用钻机钻直径 100mm 的孔，水平钻孔穿过无砟轨道下面的地板结构一直钻到两侧中间水沟的底部，再采用钻机在侧边水沟垂直钻孔，与这个水平钻孔相连通，以确保侧边水沟内的水引排到中心保温水沟内。在水沟电缆沟侧边纵向排水槽内，也垂直钻孔并与这个水平钻孔相连通，让泄压引排的水能引流引排到中心排水保温沟内，以前预留的钢丝软管因为浇筑混凝土的时候，导致排水管压扁或水泥浆堵塞、水垢堵塞。直接重新水平钻孔，恢复原来设计的横向排水盲管功能。

（12）对于无砟轨道板上目前有的裂纹，采用低黏度改性环氧，具备 3%～5%延伸率的韧性环氧，抗压强度达到 C60 混凝土的强度的环氧结构胶进行加固与堵漏。在灌浆改性环氧材料的选择上采用耐潮湿、低黏度、改性有韧性的环氧树脂结构胶灌浆材料（符合国家行业标准《混凝土裂缝用环氧树脂灌浆材料》JC/T 1041—2007、《工程结构加固材料安全性鉴定技术规范》GB 50728—2011 的规定）。

（13）对于钻孔内排水系统内，安装 PVC 管，管内壁涂上防止结垢的涂层，延缓结垢的时间和方便以后工务部门养护维修时候清理疏通。

（14）对于隧道内类似保温排水系统（非深埋沟系统），需要设置预防性设施，每隔 5m 在水沟侧壁水平钻孔穿过二衬矮边墙结构，以引排水，其他也参照以上的钻孔泄压排水体系，重建一套排水系统，参照以上（1）项～（13）项措施，预防以后隧道结构外侧水位上升、恢复水压，这些类似地方再出现渗漏水，造成通车后再利用天窗点整改，这样提前预防，效果会更好。

（15）渗漏水治理目标：达到设计图纸的要求，即达到地下工程一级防水的要求。

完成后应达到标准：混凝土表面光洁平整，颜色协调一致，无裂缝和渗漏水。

（16）施工示意图 8-57。

8.8.5 结束语

通过采取严寒地区高铁隧道无砟轨道渗漏水根治技术措施，利用恢复深埋保温水沟的功能，采用无溶剂、高强度、有弹性的环氧结构胶，结合 KT-CSS 控制灌浆工法、增设垂直泄压孔、水平贯穿轨道板的排水管等技术，结合保温排水措施等综合技术，成功根治了高铁隧道无砟轨道渗漏水的难题，消除了行车隐患，实现堵漏和加固的目的，达到了原来的设计要求，高效、快捷地完成了无砟轨道病害整治任务的要求，为严寒地区类似高铁隧道无砟轨道渗漏水根治提供了借鉴。

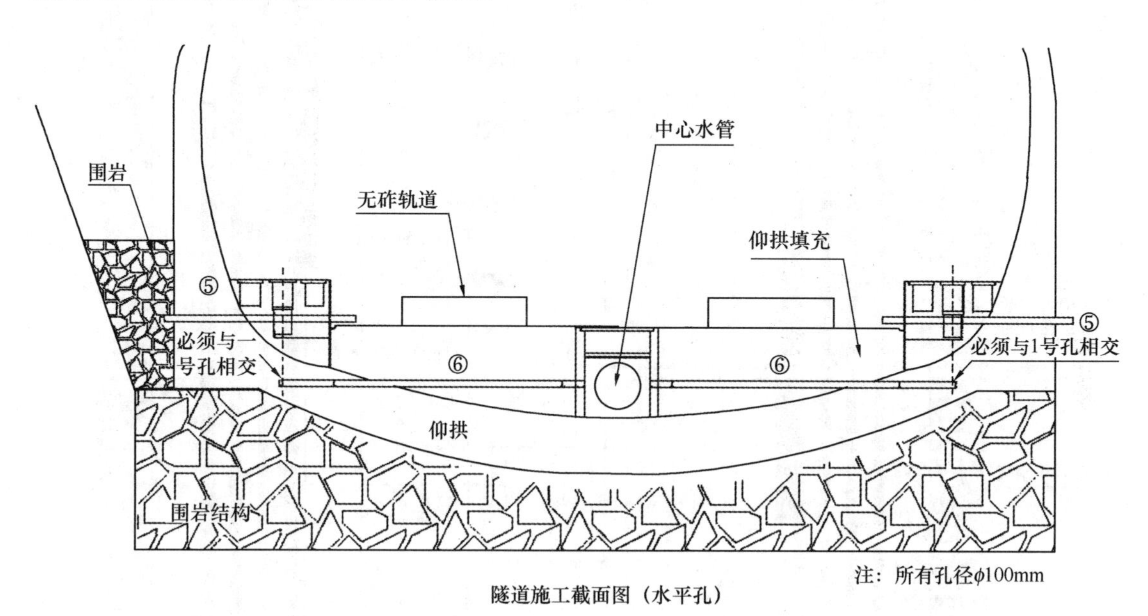

隧道施工截面图（水平孔）

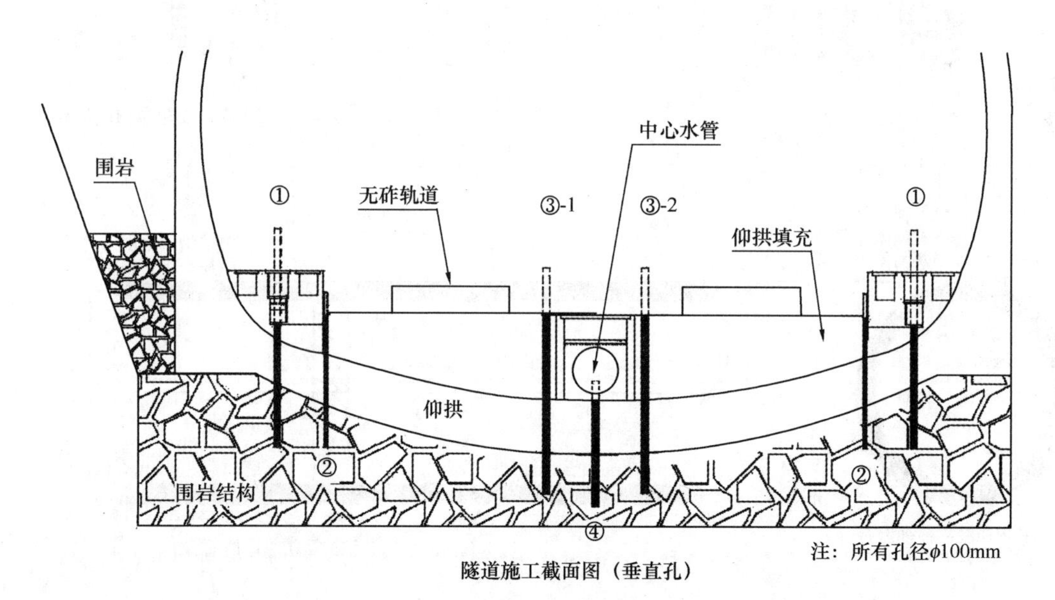

隧道施工截面图（垂直孔）

图 8-57 施工示意图（一）

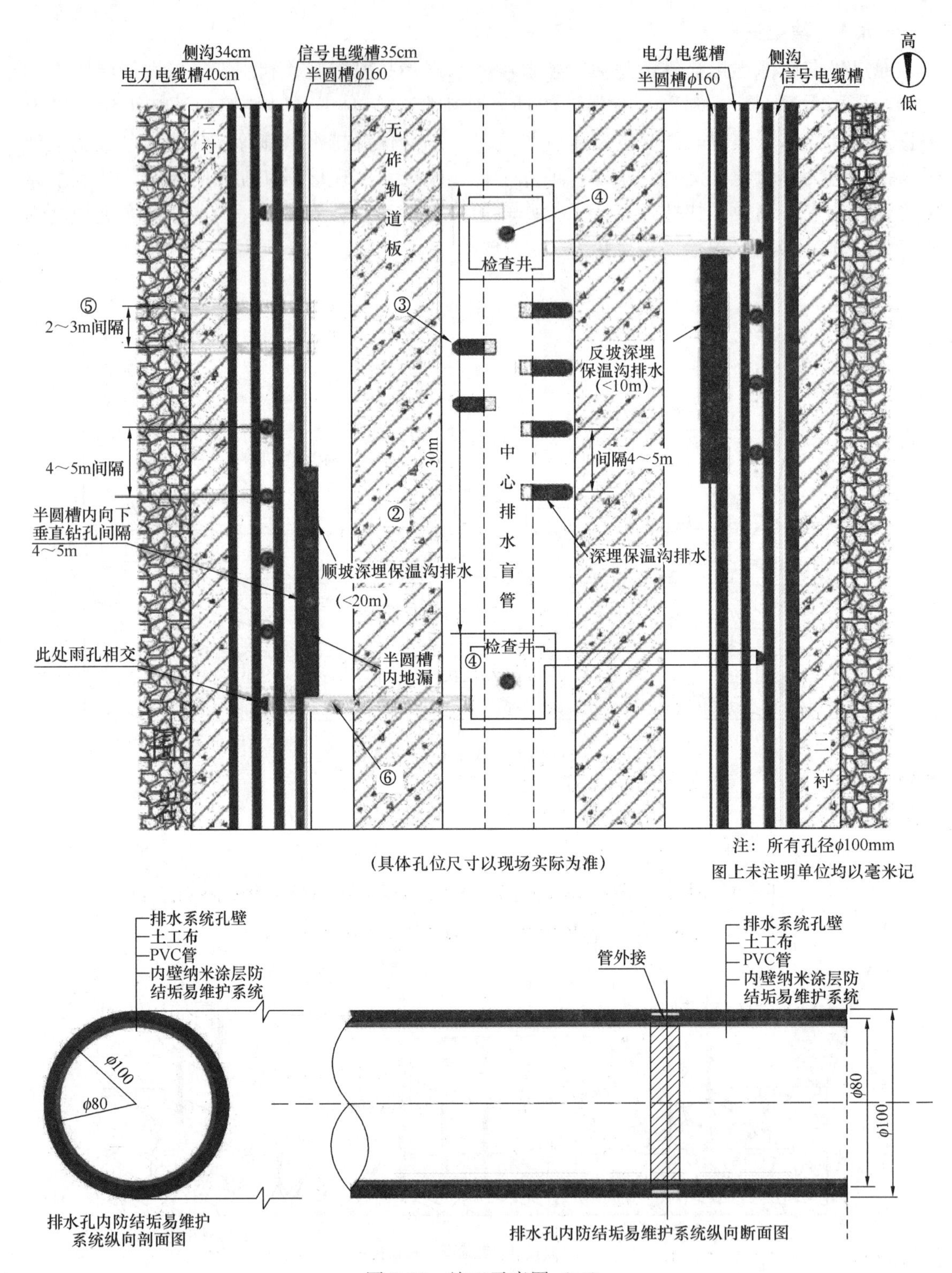

侧沟34cm
信号电缆槽35cm
电力电缆槽40cm
半圆槽φ160
电力电缆槽
侧沟
半圆槽φ160
信号电缆槽
高
低
二衬
无砟轨道板
④
检查井
⑤
2～3m间隔
③
反坡深埋保温沟排水(<10m)
4～5m间隔
30m
中心排水盲管
间隔4～5m
半圆槽内向下垂直钻孔间隔4～5m
②
深埋保温沟排水
顺坡深埋保温沟排水(<20m)
此处雨孔相交
半圆槽内地漏
检查井
④
⑥
二衬
注：所有孔径φ100mm
图上未注明单位均以毫米记
(具体孔位尺寸以现场实际为准)
排水系统孔壁
土工布
PVC管
内壁纳米涂层防结垢易维护系统
管外接
φ100
φ80
排水孔内防结垢易维护系统纵向剖面图
排水孔内防结垢易维护系统纵向断面图

图 8-57 施工示意图（二）

8.9　无溶剂高强度单组分聚氨酯防水涂料的制备与性能研究

亓　帅

（江苏苏博特新材料股份有限公司，高性能土木工程材料
国家重点实验室，江苏，南京 211103）

摘　要： 聚氨酯防水涂料因其高强度、高弹性、优异的粘结性和耐腐蚀性等突出特点在建筑行业受到普遍认可与关注。采用 PCDL-2000、MDI、潜固化剂以及环保增塑剂为主要原料，成功制备了一种不含挥发性有毒溶剂的环保型高强度单组分聚氨酯防水涂料。本论文中研究了聚醚种类及比例、不同-NCO%、潜固化剂及增塑剂添加量等因素对涂料性能的影响，并根据最佳比例制备的单组分聚氨酯防水涂料，其拉伸强度可以达到拉伸强度达到 7.5MPa，断裂伸长率 600%，撕裂强度为 34N/mm。

关键词： 单组分聚氨酯防水涂料；潜固化；高强度；环保

聚氨酯防水涂料是一种功能性高分子材料，因其具有高强度、高弹性、优异的粘结性和耐腐蚀性以及对基层变形适应性强等特点，在防水领域深受市场青睐。聚氨酯防水涂料主要分为单组分与双组分两大类，与双组分聚氨酯防水涂料相比，单组分聚氨酯防水涂料使用前无须精确混合复配，开桶即用，操作简单，施工效率更高，在市场中的需求量逐渐增加。由于单组分聚氨酯具有更高的分子量，使得黏度增加，通常需添加有机溶剂调节黏度来保持施工性，导致挥发性有机物（VOCs）增加，对生态环境和人体健康造成影响。随着国家对质量标准以及环保要求的逐步提升，促使传统溶剂型防水涂料向无溶剂高性能方向转型升级。

鉴于单组分聚氨酯防水涂料较于双组分的优势，本节以低聚物多元醇、异氰酸酯、环保型增塑剂和潜固化剂等原料制备了无溶剂、高强度、单组分聚氨酯防水涂料。讨论了聚醚种类及比例、不同-NCO 含量、潜固化剂以及增塑剂添加量等因素对涂料性能的影响。

8.9.1　实验部分

1. 主要原材料

聚醚多元醇（ZSN-330）：江苏钟山化工有限公司；聚碳酸酯二醇（PCDL-2000）：旭化成化学株式会社；二苯基甲烷二异氰酸酯（MDI）：巴斯夫（中国）有限公司；重质碳酸钙（800 目）：市售；增塑剂（52 号氯化石蜡，合成植物酯）：苏州伊格特化工有限公司；助剂（丙烯酸树脂分散剂，有机硅消泡剂，聚丙烯酸酯流平剂）：德国毕克化学公司；二月桂酸二丁基锡（T-12）：上海德音化学有限公司；潜固化剂 ALT-402：安乡艾利特化工有限公司。上述原料均为工业级。

2. 主要仪器设备

恒温恒湿试验箱：苏州苏益仪器有限公司；微机控制电子万能试验机 CMT4304：新三思（上海）企业发展有限公司；冲片机：山东卡斯特仪器有限公司。

3. 材料制备工艺

将低聚物多元醇、52号氯化石蜡、合成植物酯、重质碳酸钙、分散剂、消泡剂添加到装备有搅拌器、温度计的三口烧瓶中，加热至120℃，在真空度−0.10MPa保持2h，含水率降至0.05%以下，降温至60℃，加入MDI升温至80℃反应2.5h，再加入T-12、流平剂和潜固化剂反应0.5h，降温至60℃后出料。

4. 涂膜制备

将所合成防水涂料分2～3次刮涂至模框中，涂层厚度在1.5±0.2mm，在标准试验条件（温度：23±2℃，相对湿度：50%±10%）养护96h后脱模，翻面继续养护72h。参考《聚氨酯防水涂料》GB/T 19250—2013进行相应性能测试。

8.9.2 试验结果与讨论

1. 预聚体中多元醇配比对材料性能的影响

为了考查不同聚醚结构对材料性能的影响，在保持*R*值一定的前提下，通过改变聚醚中三元聚醚比例来测试其对材料性能的影响，结果如图8-58所示。由图8-58可以看出，随着预聚体中三元聚醚占比的增加，所制备材料的拉伸强度呈现先上升后下降的趋势，而断裂伸长率则保持下降。由于聚碳酸酯二醇含有大量碳酸酯键，结构规整、易结晶，使材料整体性能较传统聚醚提升明显，随着三元聚醚占比的增加，在材料内部形成交联结构，进一步提升整体强度，同时限制了分子链的运动，降低了材料延展性。随着三元聚醚占比的进一步增加，体系内部交联程度过大，造成应力集中，导致拉伸强度下降。其中三元聚醚占比在20%时性能最佳，涂膜拉伸强度达到6.48MPa，断裂伸长率为489%，撕裂强度为31.7N/mm。

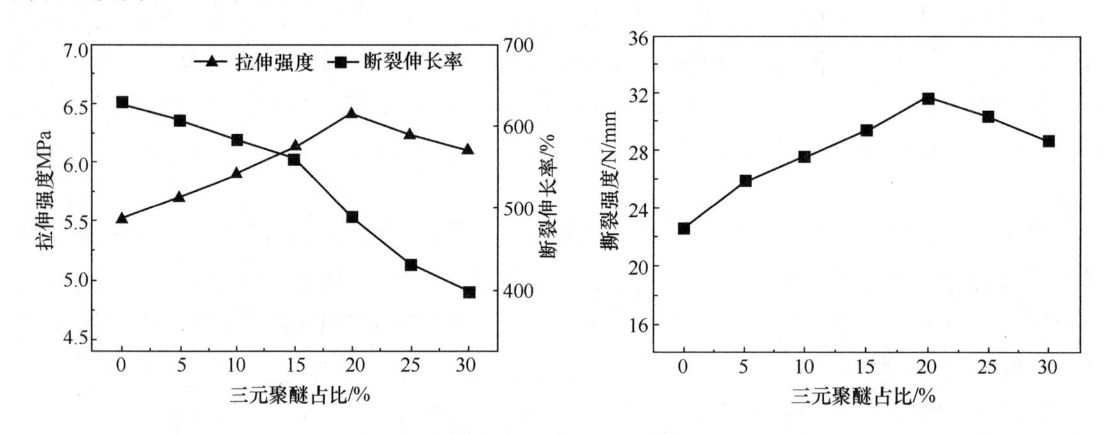

图8-58 预聚体中多元醇配比对材料性能的影响

2. 不同-NCO占比对材料性能的影响

目前单组分聚氨酯的主要固化方式为游离-NCO与湿气反应后交联固化，所以游离-NCO的含量直接影响材料性能。通过改变体系中-NCO占比来考查其对材料性能的影响，结果见表8-16。从表8-16可以看出，随着-NCO占比的增加，交联固化导致体系刚性结构增加，从而材料拉伸强度与撕裂强度增加，但是限制了分子链的移动，导致断裂伸长率降低。而-NCO占比过高时，造成交联过度，同时固化过程中产生大量CO_2不能及时溢出，在膜内形成缺陷，对材料性能造成负面影响。由表8-16中可以看到在-NCO占比在5%～6%左右时材料性能最佳。

表 8-16　涂料-NCO%对材料性能的影响

-NCO/%	拉伸强度/MPa	断裂伸长率/%	撕裂强度/（N/mm）	涂膜外观
3.0	6.18	657	26.6	无气泡、发粘
4.0	6.42	621	28.6	无气泡
5.0	6.85	582	33.3	无气泡
6.0	7.01	553	30.2	无气泡
7.0	6.77	499	29.0	少量气泡
8.0	6.41	461	27.4	较多气泡

3. 潜固化剂添加量对材料性能的影响

目前普遍使用潜固化剂作为单组分聚氨酯防水涂料的固化剂，利用其与湿气的优先反应性，分解为多官能团活性基团，迅速与异氰酸酯迅速交联固化成膜，从而从根本上解决湿固化过程中发泡及固化速度慢的问题。图 8-59 所示为潜固化剂添加量对材料性能的影响，从图 8-59 中可看出随着潜固化剂的增加，材料断裂伸长率逐渐增加，拉伸强度呈先增加后降低的趋势。缘于潜固化剂的增加于水汽反应水解后，与异氰酸酯进行扩链反应使分子量增加，使得体系内硬段比例随之增加，使材料断裂伸长率和拉伸强度增加，随着潜固化剂进一步增加，未参与反应的潜固化剂小分子在膜内部形成少量缺陷，使拉伸强度略有下降，添加量在 1.6%左右时性能最佳，而添加量在 1.2%时经济性最佳。

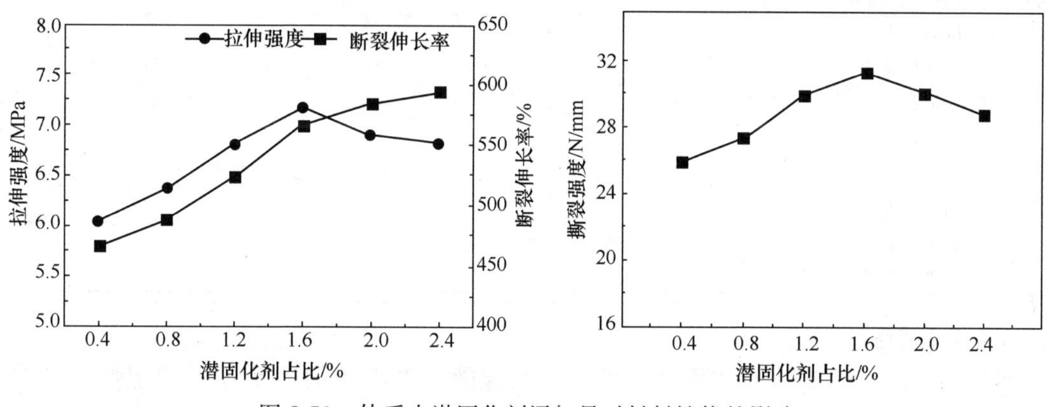

图 8-59　体系中潜固化剂添加量对材料性能的影响

4. 增塑剂种类及配比对材料性能的影响

随着传统邻苯二甲酸酯类增塑剂对生态环境以及人体健康的危害性，逐步限制其的使用。本节中采用低黏度、低挥发性的合成植物酯与氯化石蜡作为增塑剂复配的方式来调节材料的黏度，避免了使用有机溶剂。在本节中固定液态填料的总量不变，通过改变两者占比来观察其对材料性能的影响（表 8-17）。

表 8-17　增塑剂用量对材料性能的影响

合成植物酯/氯化石蜡	0/10	2/8	4/6	6/4	8/2	10/0
拉伸强度/MPa	5.87	6.34	7.05	6.89	6.60	6.41
断裂伸长率/%	443	519	587	645	698	764
撕裂强度/(N/mm)	25.3	28.9	32.5	31.3	29.1	28.2
黏度/(mPa·s)	24000	18000	9000	7000	6000	5000

由表 8-17 可以看出，只使用氯化石蜡所制备的材料黏度过大，在成型过程中在膜内

易形成气泡缺陷，同时严重影响材料的正常施工使用。随着合成植物酯的增加对体系黏度降低明显，同时涂膜断裂伸长率也逐渐增加，因为低黏度增塑剂的存在，分子链间起到“润滑”作用，便于链段的自由移动，从而增加材料延展性，同时有利于膜内气泡的快速溢出，减少膜内缺陷，从而使拉伸强度和撕裂强度增加，随着合成植物酯的进一步增加，分子链间过多的增塑剂存在，减弱了分子间的相互作用，破坏内部结晶的产生，导致材料性能出现下降。其中合成植物酯与氯化石蜡比例在 4/6 时性能最佳，涂膜拉伸强度达到 7.05MPa，断裂伸长率为 587%，撕裂强度为 32.5N/mm。

5. 综合性能

综合上述试验结果，当三元聚醚占比在 20%、-NCO 占比在 5%、潜固化剂添加量在 1.6%、合成植物酯与氯化石蜡比例在 4/6 时，所制备的无溶剂、高强度、单组分聚氨酯防水涂料性能最佳，可达到《聚氨酯防水涂料》GB/T 19250—2013 中Ⅱ型产品的性能水平，测试结果见表 8-18。

表 8-18　无溶剂、高强度、单组分聚氨酯防水涂料测试结果

检测项目	GB/T 19250—2013Ⅱ型产品	检测值
固体含量/%	≥85	99
表干时间/h	≤12	6
实干时间/h	≤24	13
拉伸强度/MPa	≥6	7.5
断裂伸长率/%	≥450	600
撕裂强度/（N/mm）	≥30	34
低温弯折性	−35℃，无裂纹	−35℃，无裂纹
不透水性	0.3 MPa，120min，不透水	0.3 MPa，120min，不透水
粘结强度/MPa	≥1.0	1.2
加热伸缩率/%	−4.0～+1.0	0
吸水率/%	≤5.0	1.0

8.9.3　结论

本节以聚碳酸酯二醇、二苯基甲烷二异氰酸酯、潜固化剂以及环保增塑剂为主要原料，成功合成了一种不含任何挥发性有毒溶剂的环保型、高强度、单组分聚氨酯防水涂料，并对聚醚种类及比例、不同-NCO 占比、潜固化剂添加量以及增塑剂添加量等因素对涂料性能的影响进行研究。经过一系列试验，筛选出三元聚醚占比在 20%、-NCO 占比在 5%、潜固化剂添加量在 1.6%、合成植物酯与氯化石蜡比例在 4/6 时性能最佳，拉伸强度可以达到 7.5MPa，断裂伸长率为 600%，撕裂强度为 34N/mm，已完全达到《聚氨酯防水涂料》GB/T 19250—2013 中Ⅱ型产品的性能水平。

参考文献

[1]　李绍雄，刘益军. 聚氨酯树脂及其应用[M]. 北京：化学工业出版社，1998：198-204.

[2]　郝宁；刘思宇；薛小锋；李富伟；孙平刚，无溶剂型单组分聚氨酯防水涂料的研制[J]，新型建筑材料，2019，112-113，117.

[3]　赵守佳. 浅谈国内聚氨酯防水涂料的现状和趋势[J]. 聚氨酯工业，2000(03)：9-12.

[4]　李红英，孙建，李海章，韩海军. 潜固化单组分聚氨酯防水涂料的研制与应用[J]. 聚氨酯工业，2016，31(05)：30-33.

[5] 陈立义，占科，何宏林，陈开寿. 无溶剂环保型单组分潜固化聚氨酯防水涂料的研制[J]. 聚氨酯工业，2020，35(01)：46-48.
[6] 刘亚东，张春光，单雪强，等. 单组分与双组分聚氨酯防水涂料的简介与对比[J]. 河南建材，2017(6)：40-41.
[7] 沈春林. 聚氨酯防水涂料的发展现状及趋势[C]//全国第二十二届防水技术交流大会会刊论文集，2020：167-170，188.
[8] 胡朋举，吕晓飞，康全影，刘兵兵，肖军. 单组分聚氨酯防水涂料拉伸性能影响因素的分析与研究[J]. 合成材料老化与应用，2021，50(01)：50-51，136.
[9] 韩海军，王小雪，刘金景，刘操，段鹏飞，胡伟. 环保型单组分聚氨酯防水涂料的制备及性能研究[J]. 聚氨酯工业，2020，35(03)：32-35.
[10] Zhang H H，Niu R，Guan X B，et al. Rheological Properties of Waterborne Polyurethane Paints [J]. Chinese Journal of Polymer Science，2015，33(12)：1750-1756.
[11] 肖铁波，吕兴军，颜昌琪. 环境友好水性聚氨酯涂料的最新研究进展[J]. 广东化工，2017，44(19)：90-91，103.

8.10 浅谈建筑物的外墙防水

湖南金禹防水科技公司 王国湘
湖南欣博建筑工程有限公司 易 乐

建筑渗漏，大家关注的多为地下室、屋面、卫浴间，往往忽视外墙防水。殊不知，在建筑物中，非常重要的一个部分就是建筑外墙。建筑外墙不仅可以有效地将建筑内部环境和外部恶劣环境隔离，保证室内足够的舒适，同时也是一座城市文化的载体。一旦出现外墙渗漏，处理起来十分棘手，很难彻底根治。

8.10.1 外墙渗漏原因剖析

（1）现浇钢筋混凝土墙体局部存在裂缝、微孔或小洞，遇到雨天，雨水侵蚀墙体，逐步进入内墙面。

（2）砖砌墙体与混凝土砌块墙体，勾缝砂浆强度低，粘结不牢固，可以说是千疮百孔。这类墙体表面用水泥砂浆找平，不但易开裂，而且不密实，外界雨水很容易渗入室内。

（3）装配式混凝土墙体，拼装缝密封不严或内部空腔排水排气不畅，导致外界雨水经缺陷处进入室内。

（4）瓷片锦砖饰面墙体，界面空隙多，接缝砂浆易开裂或松动，内部形成水堰，导致雨水进入室内。

（5）装饰涂料饰面墙体，找平砂浆易开裂或结构变形引起结构开裂、涂层破损。裂缝、麻面或松散砂浆是雨水与湿气的通道，必然导致内墙面潮湿、发霉长菌甚至渗水。

（6）门窗周边因多种因素影响造成渗漏。

（7）砌筑墙体的脚手架孔洞密封不严，浇筑混凝土时模板拉筋处理不当，穿墙孔洞密封不严，墙体排水管的金属卡箍锈蚀等缺陷，都会导致墙体渗漏。

8.10.2 外墙渗漏的预防措施

（1）结构基体应坚实、密实：混凝土外墙浇捣时，掺一定量的外加剂，提高密实度与抗裂能力；红砖与砌块外墙适当提高砌块与接缝砂浆的强度等级。

（2）外墙各种空洞要填封密实：如脚手架穿墙孔洞、管线穿墙孔洞，要用聚合物防水砂浆或微膨胀细石混凝土分层填实，表面扩大范围刷水泥基防水涂料贴布增强。

（3）混凝土蜂窝即时修补：混凝土浇捣后拆模时，发现蜂窝，应即时用 107 胶 1∶2 水泥砂浆修补密实平整，并湿养 2～3 天。

（4）窗台、窗边预防渗漏：窗台应向外放坡 5%，窗台与窗框接触界面用密封胶封严；窗框与墙体接触部位粉抹聚合物防水砂浆 200mm 宽左右，并在框边界留槽口嵌填密封胶，如图 8-60、图 8-61 所示。

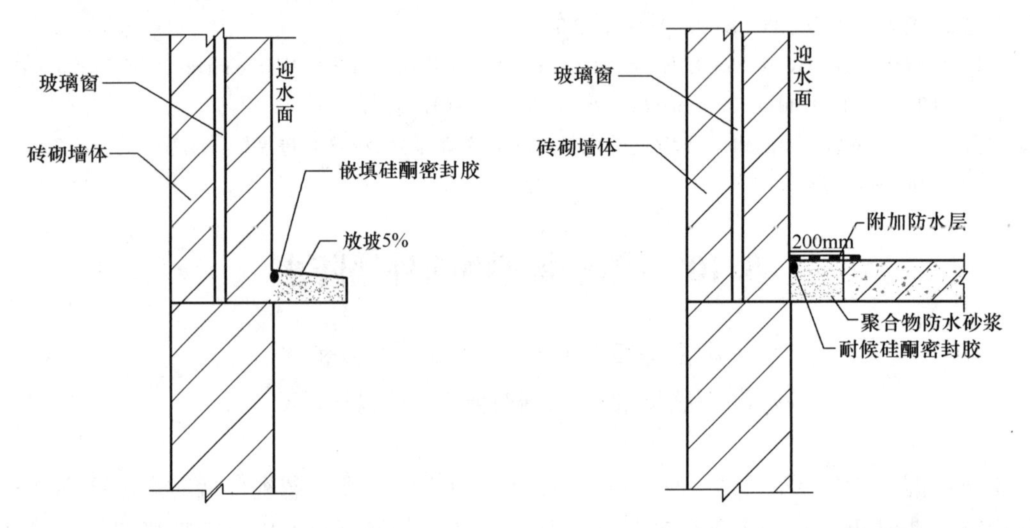

图 8-60　阳台外墙窗台防水处理　　　图 8-61　外墙窗框周边连接处渗漏处理

（5）外墙砂浆饰面批灰要求：采用 1：2.5 水泥砂浆，厚度不小于 20mm，并适当分块留分格缝，缝内嵌填密封胶 5mm 深。粉抹砂浆时应压实抹光成凹槽形。

（6）外墙饰面要求：①涂料饰面，先刮耐水腻子一道，再刷或喷耐候丙烯酸涂料，厚度不小于 1.2mm，表面再喷一道外墙憎水剂；②瓷砖/锦砖饰面，采用瓷砖专用胶粘贴平整牢固，接缝用柔性砂浆，表面再满喷一道憎水剂。

8.10.3　外墙渗漏的治理

（1）外墙裂缝修补：①检查是否空鼓，如有空鼓凿除空鼓部分，用 107 胶水掺水泥砂浆修补平整；②裂缝宽度小于 0.4mm，刮耐水腻子修补平整；③裂纹大于 0.4mm 宽，凿 U 形槽，干净后用环氧树脂水泥浆修补平整，再骑缝向外延伸 25cm，刮水泥基防水涂料，厚度 1.5mm；④贯穿裂缝或深长裂缝，先打孔注浆，压注油溶性聚氨酯堵漏液，再将面层修补密实平整。

（2）外墙预留孔洞、架眼漏水修补：漏水孔洞剔凿 5cm 深，嵌填环氧砂浆压实刮平，再扩大 25cm 刷上优质水泥基防水涂料 1.5mm 厚增强，表面再喷外墙憎水剂。

（3）窗框周边渗漏修复：如果基体坚实，清理干净窗框四周开裂的密封胶，用浅色防水密封胶重新打胶密封；再沿框钻小孔，安装小的注浆嘴，用手压注浆机向框内周围注入环氧注浆液。如果窗框周围严重开裂或松散，应剔除周边原有砂浆层，干净后刮抹聚合物防水砂浆夹贴一层无纺布或玻纤布增强，框边缝嵌填耐候硅酮胶密封严实。

（4）大面积渗漏修缮工法：①全面清理干净；②涂膜墙面在局部缺陷修补的基础上，全面喷涂浅色丙烯酸涂料 1.5mm 厚，再喷一道憎水剂；③瓷砖/锦砖墙面，用丙烯酸透明胶修补接缝砂浆，再全面满喷一道憎水剂。

8.10.4　结束语

外墙渗漏形成的原因是多方面的，只要其中一个环节出现问题就可能产生渗漏。渗漏影响人们的工作与生活。我们应重视外墙渗漏的预防工作，发生渗漏后应及时采取修缮措施，用新技术和新材料有效控制渗漏重现问题。

8.11　下穿京杭大运河电力顶管隧道的渗漏水整治新技术

陈森森[1]　李　康[1]　陈　禹[2]　张一路[3]

（1. 南京康泰建筑灌浆科技有限公司　江苏南京　210046；
2. 洛阳理工学院　河南洛阳　471023；
3. 南京工业大学　江苏南京　211816）

摘　要：江苏常州某电力管廊下穿京杭大运河，地质条件特殊，又采用了顶管施工技术，管节拼缝多，渗漏水严重。通过对管节的渗漏程度区分，以及渗漏原因的分析，确定采用控制灌浆工法，对结构背后进行回填灌浆和固结灌浆，提高围岩密实度和抗渗等级。再对管节拼缝、注浆孔进行处理，恢复止水带的功能。最后检查、处理竖井结构渗漏水，达到堵漏兼加固的目的。

关键词：下穿大运河　复杂地质　顶管隧道　渗漏水　控制灌浆
中图分类号：文献标识码：

New Technology of Leakage Treatment of Power Pipe Jacking Tunnel under Beijing Hangzhou Grand Canal

Liu Wen[1], Chen Sensen[1], Li Kang[1], Chen Yu[2], Zhang Yilu[3]

（1. Nanjing Kangtai Construction Grouting Technology Co. Ltd.,
Nanjing Jiangsu 210046, China; 2. Luoyang Institute of Science
andTechnology, Luoyang Henan 471023, China;
3. Nanjing Tech University, Nanjing Jiangsu 211816, China）

Abstract: A power pipe gallery in Changzhou, Jiangsu Province, runs through the Beijing Hangzhou Grand Canal. Due to special geological conditions, pipe jacking construction technology is adopted. There are many joints in the pipe joints and serious water leakage. Based on the analysis of the leakage degree of the pipe joint and the causes of the leakage, it is determined to adopt the control grouting method to carry out backfill grouting and consolidation grouting on the back of the structure, so as to improve the compactness and impermeability of the surrounding rock. Then, the joint of pipe joint and grouting hole are treated to restore the function of waterstop. Finally, check and deal with the leakage of shaft structure to achieve the purpose of plugging and strengthening.

Key words: under the Grand Canal; complex geology; pipe jacking tunnel; water leakage; control grouting

8.11.1 工程概况

为优化常州市城区电网结构，提高供电可靠性，拟新建 220kV 延政—白荡线路改接至常化变电缆工程。电缆管道采用顶管施工法，设 1～4 号共 4 个工作井，1、4 号井为接收井，2、3 号为始发井，始发井、接收井采用明挖法施工。1、4 号工作井挖深为 19.6m，2 号工作井挖深为 25.2m，3 号工作井挖深为 25.3m。

工作井围护结构：1、2、3、4 号井均采用 ϕ1200 钻孔灌注桩＋ϕ850 搅拌桩止水帷幕的围护体系，基坑开挖时，1、4 号井第 1、3、4 道为钢筋混凝土支撑，第 2、5 道采用 ϕ609 钢管支撑；2、3 号井第 1～5 道均采用钢筋混凝土支撑。

1. 地形地貌

本工程以电缆隧道下穿京杭大运河与大通河，两河相互连通，勘测期间河水位高潮一般为 1.67～2.42m，水下地下基本呈“U”形。穿越处京杭大运河河面宽约 90.0m，河底高程一般为－3.8～0.60m；大通河河面宽度为 40.0m，河底高程一般为－2.10～0.30m。陆域地形较平坦，地面高程一般为 3.45～5.63m。沿线水系较发育，交通便利。区域地貌单元为长江冲积平原。

2. 地基岩土

结合本工程电缆构筑物的特点，以确保岩土体单元的划分能客观反映岩土体的分布与特性的同时，又能指导电缆构筑物的设计与施工为原则。按照以上原则，将地基岩土划分为 7 个岩土单元体，现将其自上而下叙述如下：

层（1）杂填土：灰色，杂色，很湿，成分以建筑垃圾为主，碎块粒径较大，混多量粉质黏土，为近期人工堆积，均匀性差，结构松散。局部以素填土为主。

层（2）粉质黏土：黄褐色，褐黄色，等级中～重，稍湿，可塑～硬塑，局部硬塑，含氧化铁，见铁锰质浸染，有光泽，干强度及韧性高。

层（3）粉砂：灰黄色，灰色，饱和，中密，成分以长石、石英为主，其次为云母，颗粒组成中等均匀，局部夹薄层粉土或粉土。水域该层顶部为淤泥，厚约 1.00m。

层（4）淤泥质粉质黏土：灰色，等级中～重，饱和，流塑，局部流塑～软塑，含少量氧化铁，混少量贝壳碎屑，局部具有微层理，夹薄层粉土，有光泽，干强度及韧性中等～高。

层（5）粉质黏土：灰色，灰黄色，等级中～重，稍湿，可塑～硬塑，局部硬塑，含氧化铁，见铁锰质浸染，有光泽，干强度及韧性高。

层（6）粉土：灰黄色，等级中～重，很湿，密实，含云母碎屑，颗粒组成中等均匀，摇振反应迅速，干强度及韧性低。局部岩性接近或为粉砂。

层（7）黏土：褐黄色，稍湿，硬塑，含氧化铁，混少量铁锰质结核，局部夹薄层粉砂，有光泽，干强度及韧性高。

3. 主要岩土参数（见表 8-19）。

表 8-19　主要岩土参数表

层序号	地层名称	含水率	重力密度	孔隙比	直接剪切		地基承载力特征值	渗透系数
		w	γ	e	C_q	ϕ_q	f_{ak}	k
		%	kN/m^3	—	kPa	°	kPa	cm/s
(1)	杂填土	—	17.8	—	—	—	—	—
(2)	粉质黏土	23.6	19.4	0.681	40	12.9	190	—
(3)	粉砂	24.9	19	0.746	9	28.2	190	5.0E-3
(4)	淤泥质粉质黏土	35.1	17.8	1.002	13	10	70	—
(5)	粉质黏土	24.2	19.4	0.689	35	11.6	180	—
(6)	黏土	25.3	19.2	0.688	20	24	210	—
(7)	黏土	23.9	19.4	0.719	60	10.9	240	—

4. 水文地质条件

根据区域水文地质条件及附近工程勘测资料，结合本次勘测结果，按含水层性质、水理和水动力特征及地下水赋存条件，沿线地区地下水类型主要为孔隙潜水、微承压水和承压水。

孔隙潜水主要赋存于表层的杂填土及浅部的粉质黏土层中，浅部粉质黏土层的富水性与透水性较差，孔隙潜水埋藏较浅，其水位主要受邻近河网体系及大气降水的影响，消耗于蒸发及少量的人工开采，呈季节性变化。勘测期间测得该层地下水的水位埋深一般为 1.10～3.30m（标高为 1.20～3.50m），变化幅度一般为 1.00～2.00m。

微承压水主要赋存于中部的粉砂层中，其富水性与透水性较好。该层地下水的补给来源为上部松散层中孔隙潜水的深入补给、地下径流补给与邻近河网体系的直接补给，以人工开采和侧向径流方式排泄。由于京杭大运河、大通河河道部分切穿上部相对隔水层，故河水是该层地下水的主要补给源之一。根据本次勘测成果，该层地下水水位埋深一般为 3.30～5.10m（标高－0.30～1.60m）。承压水主要赋存于下部的粉土中，其富水性与透水性较好。

8.11.2　渗漏情况

1. 现场渗漏水情况如图 8-62 至图 8-67 所示。

图 8-62　管节拼接缝渗漏水

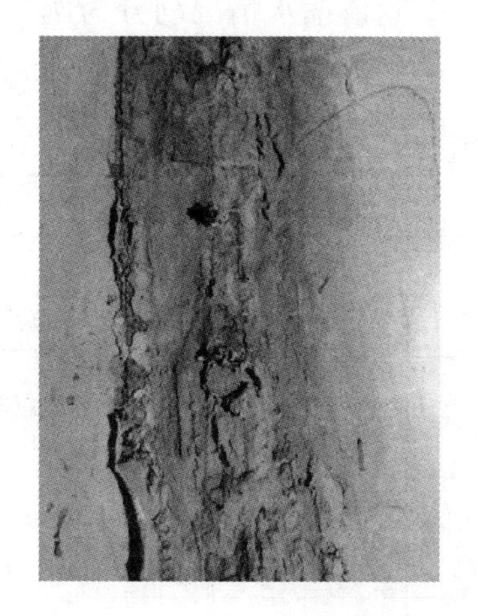

图 8-63　管节拼接缝渗漏水

图 8-64　顶管隧道和竖井之间的端头井渗漏水

图 8-65　竖井结构渗漏水

图 8-66　设备房渗漏水

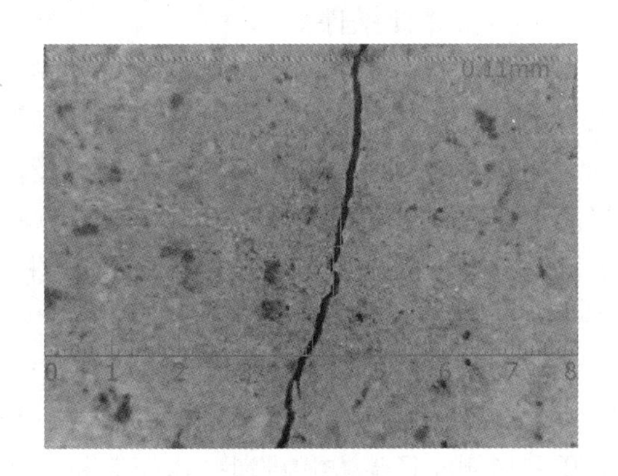

图 8-67　裂缝检测情况

2. 管节渗漏情况划分

为了解现场具体情况，便于制订合理的施工计划安排，组织检测人员深入现场检查漏水情况，对漏水情况进行等级划分，分为特别严重、较为严重以及建议处理三个等级。

此处以 1～2 仓渗漏水情况划分为例（表 8-20）。

表 8-20　1～2 仓管节拼缝排查情况（部分）

仓号	环号	情况评估	仓号	环号	情况评估	仓号	环号	情况评估
1-2	1	特别严重	1-2	47	特别严重	1-2	93	特别严重
1-2	2	较为严重	1-2	48	建议处理	1-2	94	建议处理
1-2	3	特别严重	1-2	49	特别严重	1-2	95	较为严重
1-2	4	较为严重	1-2	50	较为严重	1-2	96	建议处理
1-2	5	较为严重	1-2	51	特别严重	1-2	97	特别严重
1-2	6	较为严重	1-2	52	建议处理	1-2	98	较为严重
1-2	7	特别严重	1-2	53	特别严重	1-2	99	特别严重
1-2	8	较为严重	1-2	54	较为严重	1-2	100	较为严重

续表

仓号	环号	情况评估	仓号	环号	情况评估	仓号	环号	情况评估
1-2	9	特别严重	1-2	55	特别严重	1-2	101	特别严重
1-2	10	较为严重	1-2	56	较为严重	1-2	104	特别严重
1-2	11	较为严重	1-2	57	特别严重	1-2	105	较为严重
1-2	12	建议处理	1-2	58	较为严重	1-2	106	特别严重
1-2	13	较为严重	1-2	59	特别严重	1-2	107	较为严重
1-2	14	建议处理	1-2	60	较为严重	1-2	108	特别严重
1-2	15	较为严重	1-2	61	特别严重	1-2	109	较为严重
1-2	16	较为严重	1-2	62	较为严重	1-2	110	特别严重
1-2	17	较为严重	1-2	63	特别严重	1-2	111	较为严重
1-2	18	建议处理	1-2	64	较为严重	1-2	112	特别严重
1-2	19	特别严重	1-2	65	特别严重	1-2	113	建议处理
1-2	20	建议处理	1-2	66	建议处理	1-2	114	特别严重

8.11.3 渗漏水原因分析和危害性

目前主体结构总体渗水量比较大，出现渗漏水的部位主要在结构薄弱处，如管节环向拼接缝、注浆孔、竖井结构的变形缝、施工缝、不规则裂缝及混凝土缺陷、预埋件、不密实等部位，其渗漏水主要原因分析如下。

1. 管节拼接缝渗漏水

除管节及部件自身可能存在一定缺陷外，施工过程中因拼装不当或未按拼装工艺要求拼装，造成管节拼接缝出现张开、错台，接缝防水失效。顶管隧道管节环缝存有内外张角时，结构外表面接缝处易产生应力集中，混凝土出现破损，最终导致止水带和管节间无法密贴而引起渗漏。管节几何尺寸有偏差，也会造成安装与推进过程中造成受力不均匀而开裂、渗漏水。

另外，运营阶段长期不均匀沉降导致管节拼缝张开，也是隧道渗漏水的重要原因，地下水位较高、水压大，加之隧道内排水不到位和设施老化，渗漏越发严重。

2. 竖井变形缝、诱导缝渗漏水

（1）结构沉降或变形不均匀导致内外止水带被撕裂，以及搭接头焊接不牢固，施工时遭破坏穿洞，地表的水压力太大，超出设计止水带能承受的压力等，如遇外防水也存在隐患而失效，就会造成变形缝、诱导缝渗漏水。这个主要涉及对结构外围岩基础的稳定性和坚固性考虑措施不够充分和重视而造成沉降，还有结构和围岩之间的空腔，存水和积水。

（2）止水带一侧的混凝土未振捣密实，会在其周围形成渗水通道。

（3）在夏季高温季节浇筑混凝土时，昼夜温差较大，由于结构收缩而导致变形缝处止水带一侧出现空隙，从而形成渗水通道，导致漏水。

（4）施工队伍不正确的施工，造成缝内污染严重，防水失效。

（5）车辆通行的时候对结构有一定的震动扰动，造成变形缝变形量大且频繁，止水带产生疲劳而功能失效，因此需要优化现有防水堵漏设计。

3. 竖井施工缝、冷缝渗漏水

（1）结构混凝土浇筑前纵向水平施工缝面上的泥砂清理不干净；

(2) 纵向水平施工缝凿毛不彻底，积水未排干；

(3) 施工缝处钢板止水带未居中或接头焊接有缺陷；

(4) 施工缝混凝土浇筑时漏浆或振捣不密实；

(5) 现浇衬砌施工缝止水带安装不到位，振捣造成止水带偏移。

4. 不规则裂缝渗漏水

现浇衬砌会因各种原因出现结构裂缝，如材料使用不当（原材料质量差、配比不合理），施工质量存在缺陷（拆模早、养护不及时、混凝土离析），外界环境（温度、湿度）不良影响等因素，还有临时施工通车的荷载不均匀或强度没有到位而造成的结构性裂缝，都有可能引起混凝土裂缝发生。

5. 结构面混凝土缺陷渗漏水

结构面的混凝土缺陷，主要是：①由于振捣方法不当或者模板质量缺陷等导致混凝土浇筑不密实而引起；②大体积混凝土浇筑，温度收缩产生裂缝；③冬期施工，温差大造成的裂缝；④材料引起的裂缝；⑤收面时机不佳造成的浅表裂缝；⑥结构稳定期，存在稳定期正常沉降造成的裂缝。

当外界水压大于此处混凝土抗渗压力时，就出现渗漏水现象，主要表现为点渗漏和面渗漏。

另外，设备安装件的管头、钢筋头、拉筋孔、预埋件等处防水密封处理不好，这些地方也是最薄弱和后期最容易出现的渗漏部位，即使现在没有发生渗漏，运营时间一长，结构内存在裂缝，钢筋遇水会发生锈胀，加剧渗漏水的产生。

6. 危害性

长期渗漏水会造成结构的劣化程度加快，影响结构的使用寿命，因为顶管隧道下穿京杭大运河，底部的地质条件复杂，长期渗漏水会造成围岩的变化，容易造成突发涌水的隐患，影响电缆隧道的使用安全，导致更大的损失，甚至有顶管隧道报废的可能。

8.11.4 治理的原则和目标

1. 基本原则

(1) 方案和施工要符合确保质量、技术先进、经济合理、安全适用的要求；

(2) 方案和施工遵循“以防为主、防、排、截、堵相结合，刚柔相济、多道防线、因地制宜、综合治理”的原则，采用材料结合、工法协合、工艺复合、设备组合等办法，达到原设计中防水的设计理念，修复施工中的不足，弥补施工中的缺陷，防水节点施工满足原来设计的要求，符合国家相关规范和要求、标准；

(3) 方案和施工要采用经过试验、检测和鉴定，并经实践检验质量可靠的新材料，行之有效的新技术、新工艺，也应符合国家现行的有关强制性规范、标准规定；

(4) 方案和施工必须符合环境保护的要求，并采取相应措施，确保化学灌浆材料的固化体无毒无污染，并且保证一定的耐久性；

(5) 在治理渗漏水过程中，不破坏原结构，尤其不得大面积凿除混凝土和凿深槽。在防水堵漏的同时，将永久防水和补强加固有机地结合在一起；

(6) 邻近城市道路，汽车通过的时候对结构有一定的振动扰动和荷载扰动，对此动态振动环境下的地下结构工程堵漏，要充分考虑材料的抗振动扰动性和耐久性，并且材料性能必须高于国家和行业现行标准要求。

2. 治理目标

治理后达到地下工程防水二级标准：不允许漏水，结构表面可有少量湿渍，总湿渍面积不大于总防水面积的 2/1000，任意 $100m^2$ 防水面积内的湿渍不超过 3 处，单个湿渍的最大面积不大于 $0.2m^2$。平均渗漏量不大于 $0.05L/(m^2 \cdot d)$，任意 $100m^2$ 防水面积渗漏量不大于 $0.15L/(m^2 \cdot d)$。

8.11.5 技术方案

根据缺陷不同的形成原因和造成渗漏的原因，结合地下结构的不同使用功能和使用环境，采用不同的方法、工艺和材料进行综合整治。

1. 顶管隧道渗漏水治理

(1) 基本原理

管节拼接缝上有一处渗漏水，整环都要处理。因为顶管隧道穿越大运河河底，所以需采用两遍壁后灌浆。第 1 遍精灌（图 8-68）：采用纯的超细水泥基无收缩灌浆料和化学建筑用聚合物胶水掺和一起灌浆。第 2 遍精细灌（图 8-69）：采用纯的改性环氧树脂材料进行灌浆。把结构后面的空腔水变成裂隙水，把承压水变成微压力水，增加回填层的抗渗能力。这样可以起到堵水作用的 80% 以上，并且对主体结构后面进行了加固。注浆孔的深度要穿透管片，穿到砾石注浆层，不穿透砾石混凝土层，不但要对管片壁后不密实的位置进行补充灌注，还要对砾石混凝土层进行固结灌浆加固和帷幕灌浆，以减少透水率。

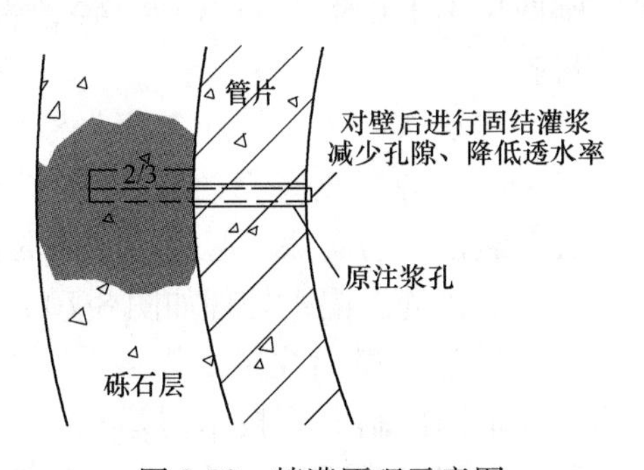

图 8-68 精灌原理示意图

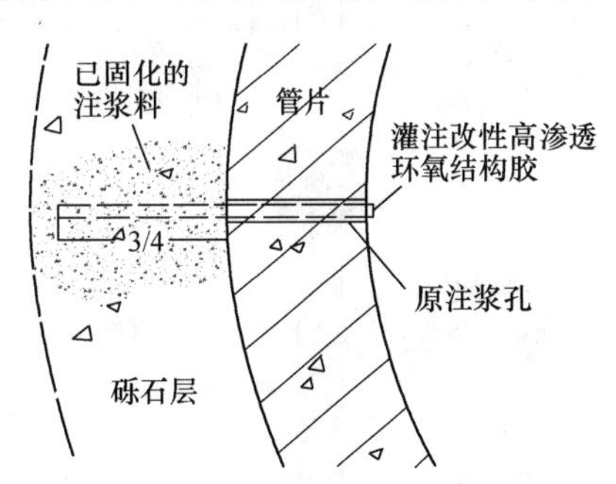

图 8-69 精细灌原理示意图

对结构拼接缝的渗水部位采用具有修复止水带功能的化学灌浆处理，对管片结构上的不规则裂缝、注浆孔进行加固和堵漏的灌浆施工。对于拼装管片渗漏水，水泥类灌浆材料是刚性的，并且是颗粒状，只能灌注到 0.8mm 以上的缝隙，对 0.8mm 以下的缝隙，必须采用改性环氧来灌注和粘结。我们进行整体处理，即拼接缝一处漏水整环处理。管片结构上的不规则裂缝、注浆孔采用灌注改性环氧结构胶和填塞环氧砂浆、骑缝植筋等复合的办法进行综合处理。

(2) 施工顺序

先处理渗漏水位置管片拼缝，其次处理管片结构不规则裂缝渗漏水，再进行注浆孔加固型堵塞，然后对这些已经处理好部位的管片壁后进行精灌回填灌浆和精细灌回填灌浆，最后对管片上所有的不规则裂缝、注浆孔进行处理。

2. 顶管隧道管节拼接缝渗漏水处理

步骤一：先用角磨机将管片拼缝两侧锈渍清理干净，露出拼缝两侧钢板，使用冲击电锤垂直管片拼缝打孔，以钻到三元乙丙橡胶条为止，不钻破三元乙丙橡胶止水条，安装隔离柱，保证化学灌浆的压力效果。实际打孔深度以现场图纸为准，找准三元乙丙橡胶条的位置，冲击电锤上安装钻孔深度限位装置，确保钻孔的深度和精确度，不破坏三元乙丙橡胶止水条。

步骤二：钻孔完成后，采用切割机或电镐清理拼缝，两侧各扩 5mm，深度 20mm，形成一个凹槽，再用聚合物防水型修补砂浆（快干胶泥）将拼缝临时封闭，用 ϕ14mm 钻头钻孔，钻孔每隔 30～50cm 安装专用注浆嘴。

步骤三：通过已安装好的注浆嘴，采用 KT-CSS-8 系列改性环氧树脂类材料（延伸率25%左右，固化后有韧性的改性环氧结构胶）进行化学灌浆，通过低压、慢灌、快速固化、间隙性分层分序 KT-CSS 控制灌浆工法，确保注浆饱满度达到 95%以上，甚至达到99%，超过国家规定的 85%标准。粘结原来密封胶失效而形成的与结构之间的渗漏缝隙，修复原来密封胶的功能，让密封胶起到密封的作用。

步骤四：灌浆完成后，待环氧树脂类材料固化后，撤除注浆嘴，再次切割打磨接缝侧边的临时封堵的胶泥和清理管片缝内的灰尘，用热吹风机对管片缝内侧进行加热升温到40～50℃，然后在管片缝内填塞 KT-CSS-1019 系列高弹性的非固化橡胶类材料，再用热吹风机对填塞好的非固化橡胶密封胶进行吹风加热，再次填塞，提升密封胶的填塞效果。

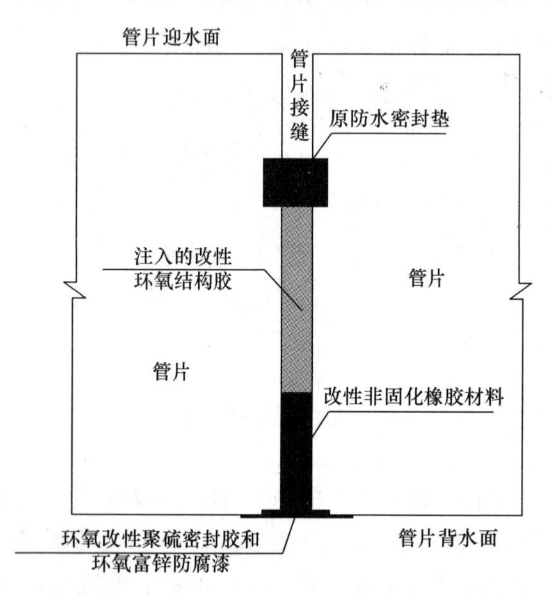

图 8-70　拼接缝渗漏水处理示意图

步骤五：在非固化橡胶类材料表面涂刷两层 KT-CSS-1013 系列环氧改性聚硫密封胶。

步骤六：在管片外表面先涂刷一层环氧底涂，待环氧底涂初凝之后继续涂刷一层环氧富锌防腐漆，起到防腐蚀的作用。

拼接缝渗漏水处理如图 8-70 所示。

3. 管片壁后注浆工艺

采用控制灌浆技术对盾构管片背后的存水空腔充填灌浆，把空腔水变成裂隙水，有压力的水变成微压力水，从而达到根治的目的。

（1）首先降低隧道涌水量。拧出预留注浆孔的螺母，用冲击钻沿预留注浆孔打孔，孔径建议为 25mm（封孔器直径为24mm)，用机械式封孔器安装注浆嘴或树脂锚固剂来安装注浆嘴，并安装好注浆管。

（2）打孔注浆顺序为：按照线路坡度，从高程较低处向高程较高处施工，从低处注浆孔向高处注浆孔进行注浆，同一侧注浆孔先注下端孔，依次向上。一组注浆在 2～3 个孔，逐步注浆完成后再进行下一组注浆孔。

（3）先采用 50cm 短钻杆钻孔，然后采用 1.0m 的长钻杆，以钻到同步注浆的砾石混凝土层的 2/3 为止，不钻透砾石混凝土层，找准砾石混凝土层的位置和砾石混凝土层的厚度，冲击电锤上安装钻孔深度限位装置，确保钻孔的深度和精确度，只钻到砾石混凝土层的 2/3 处。对管片结构后面充填灌浆和对不密实的砾石混凝土层进行固结灌浆、帷幕灌浆，减少壁后的空隙和砾石混凝土层的透水率，采用 KT-CSS 控制灌浆工法，即低压、慢灌、快速固化、间隙性分序分次的控制灌浆工法，最大注浆压力应小于 1.0MPa，正常注浆压力在 0.5MPa。

（4）等水泥类注浆固化后，再在注浆孔位置进行钻孔，深度还是到砾石混凝土层的 2/3～3/4，不钻透砾石混凝土层，找准砾石混凝土层的位置和砾石混凝土层的厚度，冲击电锤上安装钻孔深度限位装置，确保钻孔的深度和精确度，灌注改性的高渗透性环氧结构胶，当注浆压力大于 1.5MPa 时停止该孔的注浆。对水泥类注浆材料不能达到的空隙再次进行补充灌浆，进一步提升注浆效果，减少管片壁后的渗水通道和缝隙。

（5）注浆直至排气孔排出均匀浆液，宜在注浆孔和排浆孔设置浆液阀，出浆孔宜设置浆液回浆管，回流浆液流入搅拌料储料桶。当排浆孔无空气流出时，关闭出浆孔阀门，稳压慢慢注 3min 即可停止注浆，待终凝后将闸阀拆除，填塞注浆孔，用堵头封闭，进行防锈处理。

（6）注浆的时候管片间缝隙出水，用快速封堵材料对缝隙进行临时性封堵，等注浆结束完全固化后，然后再按照管片接缝渗漏水的工艺进行处理。

对于管片没有二次注浆孔：

（1）采用钻孔机，钻透管片结构，孔径 28mm 或 16mm，采用膨胀型注浆嘴，安装好闸阀，以防止背后喷射失控，或采用快速树脂锚固胶安装注浆嘴，安装闸阀，还是采用有注浆孔的管片结构后面二次注浆和三次补充灌浆工艺，灌注特种的水泥基无收缩灌浆材料工法与管片壁后注浆工艺 3）相同。

（2）采用水泥基灌浆材料精灌和二次采用改性高渗透环氧胶进行精细灌浆。

（3）注浆完成后，拆除注浆嘴，对注浆孔采用深层钻孔直径 10mm，深度 20cm，灌注高渗透改性环氧结构胶，确保注浆孔深层用环氧胶填塞满，用电锤或电镐清理钻孔深度在 10cm 以上，再采用高强度环氧修补型砂浆填塞满，最后表面贴双层碳素纤维布或不锈钢，堵头用环氧粘钢胶、植筋胶进行加强巩固封堵，确保注浆孔不再渗漏水和不会被水压冲出来。

4. 管片不规则裂缝处理

（1）用快速封堵材料对裂缝部位进行封堵，用 ϕ10mm 或 ϕ8mm 钻头钻孔，深度 15～20cm，安装注浆嘴，注浆嘴间距为 150～200mm，进行浅孔和深孔复合灌浆工法；

（2）通过已安装好的注浆嘴，采用 KT-CSS-18/4F 系列改性环氧树脂类材料进行化学灌浆，通过 KT-CSS 控制灌浆工法，确保裂缝注浆饱满度达到 95%以上，超过国家规定的 85%标准；

（3）灌浆完成后，待环氧树脂类材料固化后，撤除注浆嘴。

5. 管片注浆孔处理

（1）采用 ϕ10mm 钻头钻孔，在注浆孔侧边斜向孔位置，贯穿相交到注浆孔，安装注浆嘴。在孔周边钻孔 3～4 个。先安装 8mm 的螺纹钢，然后再安装注浆嘴，通过环氧注浆后，螺纹钢起到斜穿注浆孔植筋的作用，可以达到骑缝植筋的效果，进一步巩固了注浆孔的加固效果。

（2）通过已安装好的注浆嘴，采用 KT-CSS-18/4F 系列改性高渗透环氧树脂类材料进行化学灌浆。通过 KT-CSS 控制灌浆工法，确保注浆饱满度达到 95%以上，超过国家规定的85%标准。确保注浆孔内收缩的砂浆的空隙全部填充高渗透环氧，使孔内25cm范围内砂浆的饱满度达到90%以上，孔内砂浆与孔壁结构完全粘结在一起，确保能抗地下水压，不会存在水压大而把注浆孔冲开的可能。

（3）灌浆完成后，待环氧树脂类材料固化后，撤除注浆嘴。

（4）凿除或用电锤、电镐清理注浆孔内砂浆，深度在10～15cm左右，采用聚合物无收缩微膨胀修补砂浆或修补用环氧砂浆进行填塞，进一步加强注浆孔的封堵，确保注浆孔不被冲开。

（5）加工注浆孔不锈钢堵头，采用环氧粘钢胶或植筋胶安装好不锈钢堵头。

（6）对所有的注浆孔全部采用此工法处理，进行检查和巩固，确保注浆孔以后不再渗漏水。

6. 竖井渗漏水治理

（1）变形缝渗漏水处理

步骤一：查找漏水点，钻孔泄压引流，切槽封堵。

在渗漏严重的位置，采用ϕ14mm钻头，在距离变形缝150～200mm位置斜向钻孔，与变形缝相交并贯穿，钻孔数量为每米1～2个，角度控制在45°～60°，在离内表面缝的1/3处相交，起到对变形缝内漏水引流的作用，方便后面临时封堵的变形缝。

钻孔完成后，采用切割机或电镐清理变形缝，两侧各扩5mm，深度20mm，形成一个凹槽，再用聚合物防水型修补砂浆（快干胶泥）将变形缝临时封闭。

步骤二：灌注KT-CSS系列特种聚氨酯发泡胶（油性胶和水性胶的混合胶液，比例3∶1，凝胶后为弹性体，起到临时封堵的作用）。

距离变形缝200mm的两侧钻孔，在离外表面缝2/3处与变形缝相交。采用ϕ14mm钻头钻孔，间距150～200mm，在变形缝两侧交替分布。

安装注浆嘴，注浆嘴ϕ14mm，长度200mm，根部带膨胀橡胶，中部为高压铝的空心结构，注浆嘴头带止回阀。把泄压孔和注浆孔全部安装注浆嘴。

采用化学高压注浆机搅拌配制KT-CSS-9019系列特种液体橡胶，采用电动搅拌器混合搅拌2min。

从下向上、从一侧向另外一侧开始注浆，压力控制在0.3～0.5MPa，最高不超过1.0MPa。当压力达到0.5MPa，稳压1～2min，进浆量低于0.01L，开始灌注一下个注浆孔。第一次注浆完成30min内，按照原顺序，开始第二次补充灌浆，第二次注浆完成30min内，再次按照原顺序进行第三次灌浆。注浆饱满度可以达到90%以上，争取95%以上，把变形缝的水全部临时堵住。

步骤三：切槽，填塞密封胶（双层、双类）。

注浆完成，待材料固化后（一般情况需72h），撤除注浆嘴，采用切割机切槽，深度约80mm，宽度比原来的变形缝大20～30mm，将缝两侧的污染层、碳化层、氧化层、松动层的临时封堵材料全部清理干净，清理到结构的坚实基层，槽底部采用聚合物修补砂浆进行封堵。

清理完成后，确保变形缝开槽内部干净干燥，采用热吹风机加热槽内，使表面温度达到40～50℃，填塞非固化填塞型密封胶。此材料为单组分，延伸率在300%左右，在常温状态为膏状，可塑形，加热至40～50℃后活性增加，变柔软，与混凝土基层粘结强度增加，采用人工手填，对槽内边加热边进行填塞，填塞完成后，再对非固化密封胶用热吹风机进行加热，进一步采用棍棒捣实，将密封胶和槽内侧表面压实，确保材料完全与槽密贴。填塞厚度为 50～60mm，可以分两次填塞非固化橡胶封胶，填完后，槽深度约 20mm。

再刷环氧类专用界面剂在槽内侧，配制环氧改性聚硫密封胶，此材料与基层粘结效果好，耐凝结水泡，在严寒和高温 40℃以下，材料性能不变化，延伸率达到 200%，此材料为双组分，人工按照比例搅拌，充分混合，采用刮板涂刮，填平变形缝。

步骤四：变形缝表面处理。

加工 W 钢带，或者聚酯布，钢带两侧比变形缝宽 150～200mm。

在变形缝表面切槽，宽度 550mm，深度 10～15mm。W 钢带双面用环氧改性聚硫密封胶涂刮厚度 10mm，用膨胀螺栓固定钢带在变形缝两侧。同一条变形缝钢带与钢带之间采用重叠搭接 50mm，并用环氧改性聚硫密封胶涂刮密封。

在变形缝两侧 150mm，角度 30°～45°，钻孔与变形缝 1/2 左右深度相交叉，采用 ϕ14mm 钻头钻孔，间距 150～200mm，在变形缝两侧交替分布，安装 ϕ14mm 注浆嘴，长度 100mm，根部带膨胀橡胶，中部为高压铝的空心结构，注浆嘴头带止回阀。搅拌配制的改性环氧树脂高弹性结构胶（此改性环氧树脂高弹性结构胶具备：耐水、耐潮湿、耐低温，无溶剂，固化后有弹性，延伸率在 20%，双组分，采用电动搅拌器混合搅拌 2min），采用小型化学高压注浆机注浆，从下到上，从一侧向另外一侧，压力控制在 0.3～0.5MPa，最高不超过 1.0MPa；当压力达到 0.5MPa，稳压 1～2min，进浆量低于 0.01L，开始灌注一下个注浆孔，第一次注浆完成 30min 内，按照原顺序，开始第二次补充灌浆。此步骤目的：①填充和灌注油胶和水胶不能灌注进的缝隙，还有非固化密封胶工人填塞的时候可能存在缺陷和不足，采用灌注此胶充填这些缺陷所在位置，确保密实和密贴，并且内部是油胶水胶的凝固体，外面是密封胶，这个中间空腔相对封闭，灌浆可以有压力，有压力就可以确保一定的密实度。②采用压力注胶，可以更进一步检查非固化密封胶和环氧改性聚硫密封胶的填塞质量，以便进一步及时弥补施工不足或局部返工完善，以确保各步骤的质量，起到检查的作用。

步骤五：壁后注浆。

在变形缝两侧 100mm 左右，钻孔打穿主体结构，采用 ϕ14mm 钻头，沿变形缝两侧，间距 1m 钻孔，安装注浆嘴和闸阀，向壁后灌注水泥基无收缩灌浆材料掺入 5%结构自防水母料添加剂、5%水泥基渗透结晶母料添加剂的混合灌浆材料，从下到上，从一侧向另外一侧，注浆压力控制在 0.2～0.3MPa，最高不超过 0.5MPa，充填背后存水空腔，把空腔水变成裂隙水，压力水变成微压力水，一般灌浆两遍。

（2）施工缝渗漏水处理

用微损的办法——针孔斜侧钻孔法灌注低黏度耐水耐潮湿型改性环氧灌浆料（符合《混凝土裂缝用环氧树脂灌浆材料》JC/T 1041—2007、《工程结构加固材料安全性鉴定技术规范》GB 50728—2011 标准要求），堵漏的同时补强加固。新钻孔和原来注浆导管都安装注浆嘴，灌浆材料采用 KT-CSS-8 系列专利配方特种改性环氧灌浆料，这些材料固化快、无溶剂、黏度低，并有很强的粘结强度，让有裂缝处的衬砌混凝土恢复形成一个整体，防止因振动扰动变形再重新出现裂缝，修复填充进钢边止水带和混凝土结构之间的渗水空隙和细小通道，达到粘结钢边止水带和堵住渗水通道的作用。

（3）不规则裂缝处理

采用针孔法化学灌浆，灌 KT-CSS 系列环氧树脂结构胶；对麻面坑洞，凿除松动的部分，并用聚合物修补砂浆或环氧砂浆进行修补。先用切割机沿缝切成“V”形槽，宽度20mm，深度20mm，并清理干净后嵌填封闭特种胶泥，然后沿着缝的两边，打注浆孔至1/3～1/2处，植筋，灌注特种改性环氧注浆材料（KT-CSS-4F/KT-CSS-18 专利配方的改性环氧结构胶），确保灌浆饱满度超过《混凝土结构加固设计规范》GB 50367—2013 所规定的85%要求，采用 KT-CSS 控制灌浆工法：低压、慢灌、快速固化、间隙性分序分次灌浆工法，可以达到饱满度95%左右的行业内高标准。

（4）不密实渗漏水处理

① 渗漏水较大时，先灌注水泥基高强复合无收缩胶凝灌浆材料和水中不分散水泥基灌浆材料到结构背后止住水；然后再对结构补充灌注低黏度耐水耐潮湿型改性环氧灌浆料，作补强加固（KT-CSS-4F/KT-CSS-18 专利配方的改性环氧结构胶），确保灌浆饱满度超过《混凝土结构加固设计规范》GB 50367—2013规定的85%的要求，采用 KT-CSS 控制灌浆工法：低压、慢灌、快速固化、间隙性分序分次灌浆工法，可以达到饱满度95%左右的行业内高标准。

② 对麻面渗水和不密实渗漏水，渗水量不大的，采用梅花型针孔灌浆法灌注低黏度、耐水、耐潮湿型改性环氧灌浆料，作堵漏和补强加固，采用（KT-CSS-4F/KT-CSS-18 专利配方的改性环氧结构胶），确保灌浆饱满度超过《混凝土结构加固设计规范》GB 50367—2013规定的85%的要求，采用 KT-CSS 控制灌浆工法：低压、慢灌、快速固化、间隙性分序分次灌浆工法，可以达到饱满度95%左右的行业内高标准。

③ 对无法灌浆的微细缝隙（0.1mm 以下）渗漏部位，可涂刷水泥基渗透结晶型防水材料，让渗透性强的结晶体填满渗漏部位细小的渗水通道。

用以上三种方法恢复有缺陷混凝土的密实度和结构整体性，把水挤出二衬的裂隙和孔隙，再用水泥基类刚性抗渗砂浆喷涂或刮涂，增强结构的抗渗效果，起到防水、加固双重作用。最后在整治范围扩大30cm的面积上用打磨机清理结构表面，涂刷渗透性环氧界面剂，用环氧腻子在此面积粉刷10mm厚度，确保该范围内的永久性防水。

8.11.6 主要材料简介

KT-CSS 系列改性环氧树脂材料（KT-CSS-18、KT-CSS-8、KT-CSS-4F 专利配方的改性环氧结构胶）特点如下：

（1）耐水耐潮湿，混合后可以在水中固化、粘结，固化时间可调；

（2）能在0℃以上固化，能在潮湿和干燥界面施工；

（3）无溶剂，固化后不会因溶剂挥发而收缩，固含量超过95%以上，固化体系无有机溶剂释放，反应放热平稳，不易爆聚；

（4）环氧固化后有一定的韧性，延伸率在5%～25%之间，可以抗汽车或列车通行的时候对结构的振动扰动和荷载扰动；

（5）低黏度，高渗透，可以灌进0.2mm的缝隙，甚至可达0.1mm的缝隙，有利于达到堵漏效果；

（6）固化后强度达到C40或C50混凝土的强度；

（7）通过实践，使用专利工法（KT-CSS 工法）可以使漏水裂缝灌浆饱满度达到

95%以上；

（8）目前环氧类材料是工程加固类的首选材料，抗压强度高，粘结强度好，地下工程无紫外线，不会有造成环氧材料老化的环境，这样环氧类材料的耐久性就比较好，材料性能指标符合《混凝土裂缝用环氧树脂灌浆材料》JC/T 1041—2007 的要求。

三种材料性能对比结果见表 8-21。

表 8-21　KT-CSS 系列改性环氧树脂材料性能对比（部分）

序号	试验项目	KT-CSS-4F	KT-CSS-18	KT-CSS-8
1	抗拉强度（MPa）	31.6	19.8	8.2
2	受拉弹性模量（MPa）	906	995	193
3	伸长率（%）	4.8	6.8	26.2
4	抗压强度（MPa）	85.2	95.2	128

8.11.7　结语

采用控制灌浆工法对下穿大运河的电力顶管隧道渗漏水进行了成功整治，通过壁后固结灌浆和结构灌注改性环氧结构胶材料，恢复了原来设计中的防水功能，实现堵漏和加固的目的，为类似顶管隧道和盾构隧道工程渗漏水维修提供了技术参考。在堵漏施工中针对不同的结构、不同的使用环境、不同的外部环境，选择针对性的新材料、新工艺、新技术。随着材料、工艺的不断发展，灌浆一定能解决好更多复杂的地下工程渗漏水难题。

8.12　建筑渗漏湿点检测方法及应用效果

衡阳盛唐高科防水工程公司　唐东生　湖北来凤鼎诚防水治漏工程有限公司　杨波

建筑渗漏准确定位，针对性地开展点对点修复，不但降低治理成本，而且是环保节能的有效举措。

传统的渗漏源检测方法有以下三种：一是观察分析法；二是打开检查法；三是撒水泥、干粉观察判断法。三者均有一定的实用价值，但存在着准确性不高或有一定的破坏性。

北京市建筑工程科学院（原北京市建筑工程科研所）张孟霞、李树利等科技人员，对渗漏检测有系统研究，并总结出九种无破损检测的方法，即红外线成像法、烟气检查法、超声检测法、示踪物质法、脉冲法、检漏仪检测法、电磁波检测法、高密度电法和屋面检测仪法。这些方法各有其优势与科学性，应根据工程所处环境实际情况、企业测试拥有条件与经济情况选用。现简介几种常用的有效方法供同仁借鉴。

8.12.1　TRAMEX DECSeanner 无损屋面湿度检测仪寻找渗漏源

北京市朝阳区来广营乡清河营村某工程于 2012 年开始建设，2014 年业主入住后发现漏水，经过多次观察、检查、维修，未能彻底解决渗漏问题。中国建科院与北京市建设科学技术研究所利用 TRAMEX DECSeanner 无损屋面湿度检测仪（图 8-71），在屋顶上沿仪表读数降低的方向移动设备，直至出现最低读数（干燥区域），找出了渗漏走向与范围，然后施工队选用合适材料进行维修，达到了不渗不漏的效果。

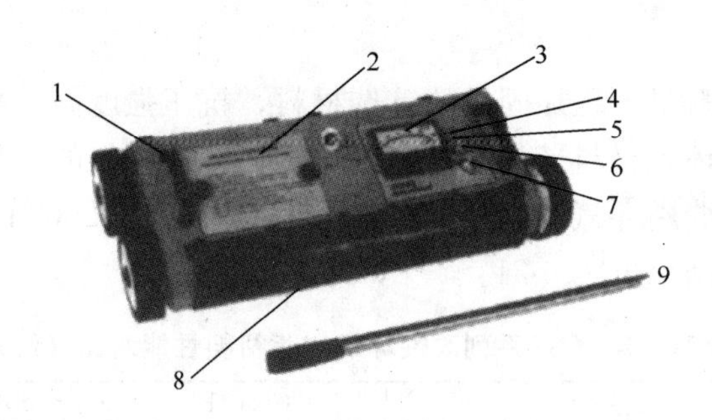

图 8-71　TRAMEX DEC Scanner 无损屋面湿度检测仪

1—侧抓手柄使 DEC Scanner 可用于倾斜和垂直表面；2—电池盒包含两节 1.5V 的 D 型电池；
3—便于阅读的大表盘和刻度；4—开关；5—音频开关；6—零位控制；7—量程开关；
8—导电橡胶电极垫确保与屋顶覆盖紧密接触；9—两片式可拆卸手柄

8.12.2　湖北来凤鼎城防水治漏公司综合利用气泵、热像仪、电子声波仪相配合查漏，效果良好

1. 室外漏水检测案例

某工厂水管管线总长 7000m 左右，主管 ϕ200mm，3 个月水费 17 万元左右，初查是漏水造成的。找了工厂曾委托 3 个测漏公司未找到渗漏部位，后经来凤鼎城防水治漏公司查漏，用红外热成像仪检测，找到 12 处漏水点，修复后，每年节约水费 60 多万元，得到工厂好评。

2. 室内漏水检测案例

某酒店三楼漏水，几家修漏公司花了 2 万多元未找到漏点，后由经来凤鼎城防水治漏公司承担检漏任务。采取安装闸阀，通过红外热成像仪找到漏点，修理后酒店正常营业。

3. 微小渗漏查找

用电子气泵进行排水，查到余水为 5%左右，进行氮打压（压力 0.8MPa），沿线路进行气体跟踪，仪表数值变动最大、最快的地方为渗水处。

8.12.3　“微声侦听测漏仪”的应用

衡阳盛唐高科防水工程有限公司与长沙大禹，利用“微声侦听测漏仪”（图 8-72），又快又准地检测建筑湿点，为智能化防水堵漏树立了新标杆。

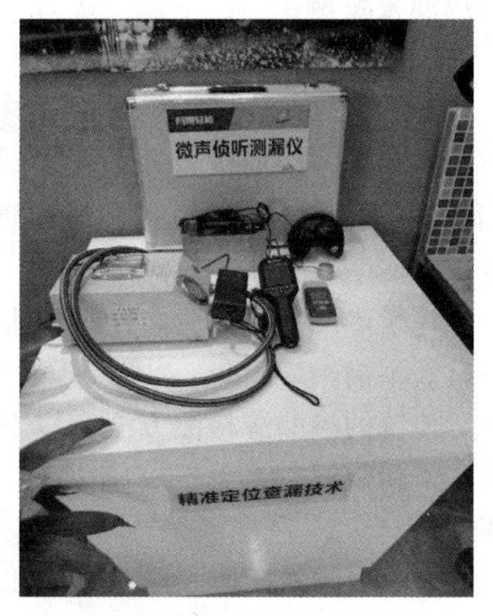

图 8-72　微声侦听测漏仪

8.13　低压注浆与背覆封堵复合工法在建筑渗漏维修中的技术探讨

衡阳盛唐高科防水工程有限公司　陈修荣　唐　灿　刘　欢　聂　虎

建筑物的渗漏通常表现为线漏、孔漏、面漏三种状态。在实践操作中，如果采用单一注浆或封堵的工艺进行渗漏治理，存在诸多不足之处，复漏的几率成倍增加，重修的成本

成倍增大，商誉更会受到极大的影响。衡阳盛唐高科防水工程有限公司在多年的实践中总结出低压注浆与背衬封堵复合工法，在建筑物渗漏维修工程中应用达到上千例，效果非常明显。现将该工法简介如下。

8.13.1 渗漏的机理及危害

1. 渗漏机理

（1）混凝土和砌筑结构都是呈“团粒结构”，其水化反应过程中形成的通道客观存在。自然水的水分子不但耦合大量的重金属离子，而且还夹杂较多的侵蚀介质，尤以填埋建筑物所接触的水源含有的侵蚀介质成分更为复杂。一旦这类水源逐渐侵入建筑物，使结构中轻质有机物流失，导致渗漏的结构变得逐渐松散。

（2）结构徐变和温差形变积聚的应力集束释放，造成结构出现应力裂缝。两种伸缩变形量不同步，造成顶推裂缝，会导致裂缝发展态势扩大和延伸，加剧渗漏量的扩大。

（3）反复的冻融和干湿交替，加剧缝漏、孔漏、面漏的发生。

（4）混凝土水灰比不当、坍落度不标准、级配和洁净度不达标、振捣不密实、漏浆和养护不当、砌筑砂浆强度等级不达标、砌筑砂浆不饱满等因素，形成不同程度的结构缺陷。

（5）防水层和变形缝设防不当或不足，偷工减料、掺杂使假等因素，造成结构和细部节点不密实，存在水分通道。

2. 渗漏的危害

（1）渗漏水与有害气体进入结构内部，造成钢筋锈蚀，锈胀导致混凝土失去握裹力，给结构留下重大安全隐患。水分与有害气体损害砌筑结构，使基体抗渗能力下降。

（2）大家普遍关注的使用功能受损，破坏装修、设施、设备，造成不必要的资源浪费。

（3）电器线路受潮或淋湿时会吸附大量水汽、杂物，造成线路过载或接点跳火，给消防安全留下重大隐患。

（4）潮湿的构造和饰面易滋生霉菌，干湿交替时挥发的孢子游离漂浮于空气中，人体长期吸入这些霉菌的孢子，造成重大伤害。

现场渗漏状况如图 8-73 至图 8-75 所示。

建筑一旦出现渗漏，应尽早进行治理，以减少综合成本的投入。

图 8-73 现场渗漏状况（一）

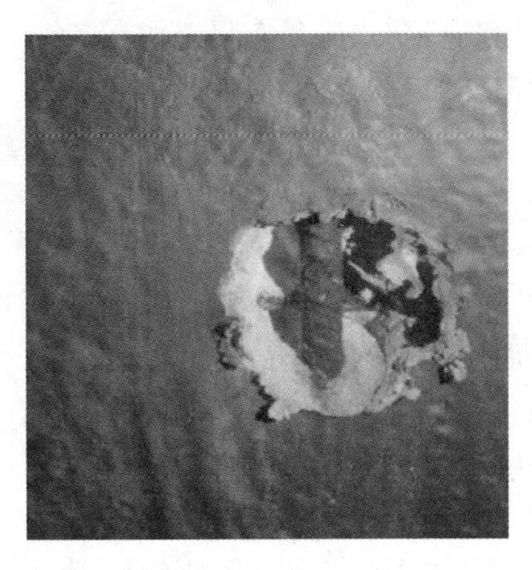
图 8-74　现场渗漏状况（二）

图 8-75　现场渗漏状况（三）

8.13.2　复合工法治理的应用原理

1. 低压注浆工法

（1）建筑物的常规渗漏压力一般为 0.2～0.5MPa。只要注浆的压力大于渗漏的压力，就能够把渗漏水挤出和赶出结构之外。在建筑物渗漏治理工程中，主张采用 0.2～0.6MPa 的低压注浆工艺，即可达到注浆止水的目标。不但大量节约注浆量、减少设备投入、减轻操作难度，还可以最大限度地避免浆液劈裂可能造成的跑浆、窜浆风险。

（2）低压注浆宜采用顶浆法，施工中密切关注注浆压力，根据不同构造和其渗漏量的大小，采用相应的注浆压力，低压徐灌、多次顶注，确保注浆液在缝、孔内饱满密实，最好能到达迎水面。利用不同注浆液的挤密性、排水性、包水性等物理特性，直至完全把渗漏水顶出结构之外，在结构内部与迎水面形成一道再造防水层。

2. 背覆封堵工法

（1）无论在迎水面还是在背水面施工，都建议采用封堵工艺与注浆工艺结合。之所以称为背衬封堵，是因为注浆前，必须将缝漏、孔漏、面漏部位进行扩缝或扩创后，采用速凝型止水胶浆对创面封堵，为后续注浆提供封缝和背衬增强作用。

（2）注浆与封堵完毕并确认无渗漏后，沿封堵处外延适当宽度，刮涂一道 2mm 厚韧性涂层，增强形变或扰动状况下，修复处应变的可靠性。

8.13.3　建筑物不同部位的应用技术

1. 迎水面施工工艺

（1）当迎水面无厚重遮挡物或种植层、具备迎水面施工条件时，应尽量选择迎水面施工为宜。

（2）首先在背水面采用背衬封堵工法，对渗漏部位扩缝或扩创，冲洗刷除浮浆浮砂，涂刷一道无冷缝界面剂，用速凝型止水胶浆将创面抹压平整密实。

（3）做背衬封堵止水胶浆时，应将引气管同步埋设于封堵部位，如渗漏水较丰富，宜先钻孔泄压，或采用引流法对渗漏部位进行背衬封堵，以降低封堵时的操作强度。

（4）在渗漏部位上方相应区域，采用点阵法（间距 500mm）布孔，钻 ϕ12mm 注浆孔直至结构板的外边缘，能够钻至可对注浆液有限位作用的夹层最佳。

（5）埋设止水针头或注浆铝管，采用电动注浆机或手动注浆机低压徐灌黏弹聚脲注浆液或聚丙烯酸盐止水剂，裂缝属扰动性应首选聚脲注浆液。根据注浆部位构造的密实性，合理设定注浆压力、注浆量和反应时间。回浆孔及引气孔冒浆时，注浆应恒压 2～3min，以确保注浆液在迎水面达到充盈的程度，利用注浆止水剂优良的蠕变性、粘结性、排水性在构造迎水面再造防水层。

屋面板迎水面注浆如图 8-76 所示。

图 8-76　屋面板迎水面注浆示意图

2. 背水面施工工艺

(1) 当迎水面不具备施工条件或操作难度过大时，宜选择背水面施工，能更有针对性地找准渗漏点，减轻操作强度。深埋地下工程外墙渗漏修缮多数采用背水面修补工法。

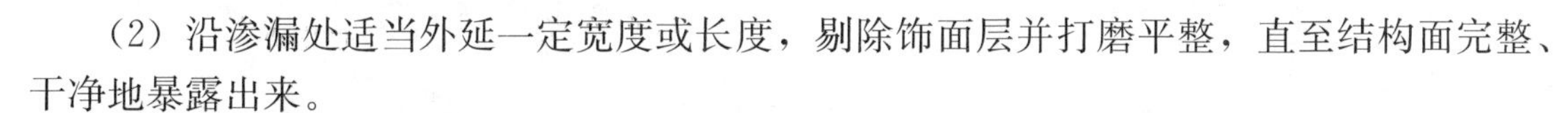

(2) 沿渗漏处适当外延一定宽度或长度，剔除饰面层并打磨平整，直至结构面完整、干净地暴露出来。

(3) 沿渗漏的裂缝骑缝凿成 20mm×30mm 的 U 形槽口（切勿凿层成 V 形槽口），凿深 20mm，形成新鲜的刨面。冲洗刷去浮浆泥砂，用配制好的丙烯酸丁腈止水胶泥掺 30% 左右的 60 目石英砂搅拌均匀，将槽口或刨面抹压平整密实。渗漏水较严重时，应反复用掌根或掌沿搓压，以促进止水胶泥进一步密实，从而达到快速止水的目的。

(4) 背衬封堵的止水胶泥表干后，缝漏视渗漏状况骑缝或斜穿裂缝钻孔、面漏和孔漏垂直 ϕ12mm 钻孔，钻孔宜穿透结构直至迎水面。埋设注浆管或止水针头（不宜超过孔深的 1/3），以利于注浆液可充盈于结构中的裂缝、孔洞等缺陷。

(5) 采用手动或电动注浆机低压徐灌聚脲注浆液或聚丙烯酸盐止水剂，根据进浆量合理控制注浆压力、反应时间。回浆引气孔冒浆时，恒压 2～3min 即可停止注浆。

(6) 确认修复处无渗漏后，应采用切割机切除注浆管（针头）、回浆引气管，不可敲断或拔出，以免扰动注浆料而产生复漏。

(7) 用背衬封堵用速凝止水胶浆将切除的注浆孔洞封堵密实，再用打磨机修饰平整。

背水面注浆如图 8-77～图 8-79 所示。

图 8-77　背水注浆（一）

图 8-78 背水注浆（二）

图 8-79 背水注浆（三）

8.13.4 结语

地上、地下建筑工程渗漏原因是多方面的，渗漏的危害性是严重的，渗漏修补方法多种多样。盛唐高科防水工程有限公司在实践中摸索出低压灌浆与背衬封堵复合工法进行修复，符合规范要求“多道设防、刚柔相济、综合治理、因地制宜”的基本原则，对结构进行了堵漏与加固，增强了技术的可靠性，延长了修复部位的使用寿命。盛唐高科防水工程有限公司在历年的渗漏治理施工中广泛应用这种复合工法，得到了用户的一致好评与认可。

8.14 “封堵截排”结合，治理房屋渗漏工法

衡阳盛唐高科防水工程有限公司 唐 灿 陈修荣 刘 欢 聂 虎

在建筑渗漏治理中，从迎水面采取措施进行治理通常效果是最好的，也是最简捷的，但在实际工作中，常会遇到一些不具备迎水面施工条件的工程，这就迫使我们只能选择在背水面进行治理。而在背水面治理又存在以下几个难点：渗漏源难以彻底阻断，易产生窜水引发相邻区域渗漏，封堵部位持久性不足等。那么，如何在实际施工中克服背水面治理的诸多难点呢？下文以工程案例的形式介绍一套适用于背水面渗漏治理的施工工艺。

8.14.1 工程概况

某业主购买了位于湖南省衡阳市雁峰区湘江南路河边的一套房屋，该房屋属于框架结构。业主收房时正值春末夏初多雨时节，发现房屋竟然有二十多处渗漏。业主希望能尽快治理好渗漏，以便尽早搬进新家。经技术人员勘查，具体渗漏状况如下。

（1）卧室邻外墙墙面距顶部约 400mm 处有明显带状渗痕，墙体根部分布有多处不连续带状渗痕，如图 8-80 所示。

（2）飘窗上部阴阳角结合处有交圈状渗痕，呈明显反复干湿交替渗漏迹象，如图 8-81 所示。

（3）窗套周边渗漏较为严重，尤以窗框下方渗漏为甚，交圈状渗痕中附着有大量白色

结晶物析出于基面，如图 8-82 所示。

图 8-80 带状渗痕

图 8-81 飘窗上部阴阳角结合处渗漏

图 8-82 窗套周边渗漏严重

（4）阳台墙根及相邻房间墙根出现大量约 400mm 高湿痕，连续带状湿痕手触有明显洇湿感觉，并有较多白色结晶物附着于基面，如图 8-83 所示。

图 8-83 阳台墙根及相邻房间墙根渗漏

8.14.2 渗漏原因分析

经过技术人员现场勘查和分析，总结各部位的渗漏成因如下。

1. 外墙部分

(1) 框架现浇结构与填充墙材质刚度差异较大，弹性模量差异也较大，当结构徐变和温差形变的应力集束释放作用在两者结合部时，造成该部位出现拉裂。

(2) 填充墙砌筑至梁体下方时，斜坎砖砌筑砂浆不密实，也未在梁体与填充墙结合部采用钢丝网作抗裂加强处理，增大了该部位的拉裂几率。

(3) 外墙瓷砖拼缝勾缝不密实，存在大量空缺现象。瓷砖采用点粘法进行铺贴，存在空腔和孔隙。当雨水通过这些拼缝进入空腔内，就积聚形成了众多“小水库”，温度升高时汽化窜入本不密实的墙体产生漏痕。

(4) 风压作用下，特别是侧风压的扰流，在墙面形成骤升的压力，雨水通过梁体与填充墙结合部的裂缝和瓷砖空缺拼缝进入室内，也增加了外墙渗漏的几率。

(5) 雨水渗入室内，在内墙出现泛碱起皮或起壳现象，积聚在砂浆找平层内的水汽，因室内外温差不同，逐渐形成扩散和蔓延，反复的干湿循环，造成渗痕逐渐扩大。

2. 飘窗部分

(1) 阴阳角结合部是结构徐变应力较集中释放的部位，该细部构造转换交接密集，施工中稍不注意就容易出现缺陷。

(2) 未采用外墙专用聚合物防水砂浆抹压找平，密封措施不当。

(3) 檐板滴水线施工不规范，无挡水槽，无鹰嘴，雨水顺檐板下方窜流至结合部的裂缝渗入室内。

3. 窗套部分

(1) 塑钢窗套与砌筑墙体及粉抹砂浆的收缩系数差异较大，形变时产生剥离、裂缝，形成渗漏通道。

(2) 塑钢窗安装时，与预留的窗套尺寸存在一定差异，仅用泡沫胶作为空腔部位的密封处理，显然达不到防水密封的要求。

(3) 塑钢窗框为空腔结构，雨水通过榫口、螺钉孔、脱落的玻璃密封条等缺陷部位，都会在空腔内形成窜水，渗漏至室内。

4. 墙根部分

(1) 阳台未封闭，地漏排水不畅，雨水飘入阳台形成积水，墙根找平砂浆在毛细作用下产生“爬水现象”。

(2) 阳台积水通过墙根窜流至相邻房间，导致邻居墙楼相连部位渗水。

8.14.3 “封、堵、截、排”有机结合，对症治理

因治理期间正值多雨季节，坡形屋面构筑了多座马头墙，无法设置外墙吊篮作业，不宜在迎水面进行治理。针对以上各部位的渗漏成因，选择背水面治理措施进行渗漏治理。

1. 修补思路

(1) 了解熟知结构，仔细研判渗漏成因，精准找到渗漏源，首先宜从结构缺陷修复入手，阻断渗漏途径，将渗漏隔绝或“顶出”构造之外。

(2) 遵循“多道设防、刚柔相济、防排结合、综合治理”的原则，精妙地将“封、堵、截、排”四字有机组合起来，制定出有针对性的长效治理措施。

（3）根据各个部位不同的渗漏成因，选择相应的材料和机具，组织具有丰富施工经验的技能工人进行操作。

（4）一定要在现场施作小样，依据构造和基层状况，根据环境湿度和温度，适时调整材料配方和相应施工工艺，灵活机动地综合考虑构造和基层的适应性。

2. 修缮工艺工法

（1）外墙部分

① 采用背水面逆作法施工，沿填充墙与梁体结合部外延200mm宽凿除砂浆抹灰层，让填充墙斜坎砖全部裸露出来，如图8-84所示。

图8-84　凿除砂浆抹灰层

② 在斜坎砖与梁体结合部的空隙内埋设止水针头，刷涂一道无冷缝界面剂，用丙烯酸丁腈聚合物砂浆将凿除部分重新抹压平整密实，并将注浆针头固定。

③ 聚合物砂浆粉刷层表固后，采用钨钢电动水泥注浆机从注浆针头中灌注适量清水，冲洗注浆通道，并浸润注浆部位，然后灌注抗收缩水泥注浆料，以填充密实斜坎砖与梁体结合部的虚空部位。灌注水泥注浆料2h后，复灌高固含量的聚脲注浆液。

④ 确认修复部位无渗漏后，充分浸润基面，刮涂2mm厚渗透结晶防水涂料，表干后湿养不少于3d。

2）飘窗部分

① 沿渗漏部位四周外延200mm宽凿除砂浆抹灰层，清理墙体与窗套结合部的裂缝。

② 距裂缝20mm宽、与墙面呈60°夹角斜穿裂缝钻注浆孔，埋设止水针头，刷涂无冷缝界面剂，用丙烯酸丁腈聚合物砂浆将凿除部分重新抹压平整密实，并将注浆针头固定。

③ 聚合物砂浆粉刷层表固后，采用电动水泥注浆机从注浆针头中灌注适量清水，冲洗注浆通道，并浸润注浆部位，灌注高固含量的聚脲注浆液。

④ 确认修复部位无渗漏后，充分浸润基面，刮涂2mm厚渗透结晶防水涂料，表干后湿养不少于3d。

（3）窗套部分

① 在窗框下挡水线以下300～400mm处钻泄水孔排水，用密封胶将窗套四周界面缝嵌填密实，如图8-85所示。

② 从窗套下方墙体距窗框150mm宽、呈30°夹角向窗框方向钻取注浆孔，埋设止水针头。

③ 采用电动水泥注浆机从注浆针头中灌注适量清水，冲洗注浆通道，并浸润注浆部位。灌注抗收缩水泥注浆料，以填充窗框与墙体结合部的虚空部位。灌注水泥注浆料2h后，复灌高固含量的聚脲注浆液，如图8-86所示。

④ 确认修复部位无渗漏后，充分浸润基面，刮涂2mm厚渗透结晶防水涂料，表干后湿养不少于3d。

（4）墙根部分

① 降低阳台地漏排水标高，将地面积水导入地漏。

图 8-85　用密封胶将窗套四周镶填密实

图 8-86　灌注无机抗收缩水泥注浆料

② 在阳台与房间地面结合部位砌筑 50mm×60mm 挡水坎；在阳台地面与墙根 300mm 高，以及室内墙根洇湿泛碱处外延 100mm 高，刮涂一道 2mm 厚渗透结晶防水涂料，表干后湿养不少于 3d，如图 8-87 所示。

图 8-87　涂刮防水涂料后湿养

8.14.4 结语

该工程采用背水面施工技术对室内常见渗漏问题进行综合治理，有效解决了因不具备迎水面施工条件所造成的施工困难的问题，施工迅捷，修缮后效果显著。

8.15 公路面层改性沥青密封胶的开发及在路面修补中的应用

株洲飞鹿高新材料技术股份有限公司 张 翔 陈泽湘

公路的面层直接承受行车荷载的作用，同时又受降水的侵蚀作用和温度变化的影响，路面中面层容易遭受损害。路面的早期损害主要表现为分格缝密封胶失效与各种形式的裂缝出现。如不及时进行养护处理，路面极易进一步损害形成坑槽的其他病害，带来严重的行车安全隐患。为了延长路面的服役年限和行车安全，当路面早期出现缺陷时必须对其进行修复养护。修复用密封胶材料对整个养护质量具有十分重要的作用，是整个修复养护质量的基本保障。因此，开发高性能的道路修补用的密封胶有十分重要的应用价值。

8.15.1 路面密封胶的主要类别及技术要求

路面密封胶主要用于解决路面分格缝接缝与裂缝问题的密封材料。路面密封胶主要有以下分类：冷（常温）施工型和热熔施工型；单组分型和双组分型。不同类型的密封胶都有各自的特点，冷施工型施工方便、安全系数高，但路面开放时间长，影响正常交通运行；而热熔施工型需要加热、安全系数低，但凝固快，公路开放时间短，基本不影响正常的交通运行。单组分型施工简易，但凝固慢，路面开放时间长，而多组分型使用相对麻烦，现用现配。高分子类性能优良，但材料成本高。而改性沥青类的密封胶性能一般，但材料成本低。综上所述，开发路面高性能改性沥青密封胶有十分重要的实际应用价值。

目前，公路路面改性沥青密封胶执行《路面加热型密封胶》JT/T 740—2015，该标准中规定了高温型、普通型、低温型、寒冷型、严寒型5种型号加热型密封胶，对密封胶的软化点、锥入度、弹性回复率、流动值、低温拉伸的技术指标做了具体规定，见表8-22。密封胶的各个指标反映了密封胶的不同性能：软化点、流动值反映密封胶的耐温性能；锥入度反映密封胶的强度；弹性回复率反映密封胶的刚度；低温拉伸反映密封胶的低温性能。

表8-22 JT/T 740—2015 路面加热型密封胶对密封胶的技术要求

参数 型号	软化点（℃）	锥入度（0.1mm）	弹性回复率（%）	流动值（mm）	低温拉伸
高温（0℃）	≥90	≤70	30—70	≤3	0℃通过
普通型（−10℃）	≥80	50—90	30—70	≤5	−10℃通过
低温型（−20℃）	≥80	70—110	30—70	≤5	−20℃通过
寒冷型（−30℃）	≥80	90—150	30—70	≤5	−30℃通过
严寒型（−40℃）	≥70	120—1280	30—70	—	−40℃通过

8.15.2 路面改性沥青密封胶的研制过程

改性沥青密封胶主要由基质沥青、高分子改性剂、相容剂、填料和助剂组成。本文以《路面加热型密封胶》JT/T 740—2015 中规定的寒冷型作为案例，从密封胶的原料选用和生产工艺上进行探讨，优选出适用于该类密封胶的合理添加量、制备工艺，具体过程如下。

1. 原材料的选用

密封胶的基本制备工艺：基质沥青在 140℃脱水，170～180℃熔化 SBS、胶粉，以 1200r/min 高速搅拌分散 30min，掺入填料和助剂，140℃以下过滤包装。

（1）70 号石油沥青和 90 号石油沥青

石油沥青是原油加工后再处理得到的一种产品，主要是由碳氢元素组成的一种不饱和物。沥青的组成主要分为芳香分、饱和分、胶质和沥青质。芳香分主要是一些低分子量的不饱和碳氢化合物；饱和分主要是一些低分子量的饱和碳氢化合物；胶质主要是高分子量的高度不饱和碳氢化合物；沥青质主要是高分子量的极不饱和碳氢化合物。70 号石油沥青和 90 号石油沥青都是原油经减压蒸馏后再通过氧化装置得到的半氧化沥青，两种沥青都具有较好的路用性能而应用于道路工程。

现就两种基质沥青用于改性沥青密封胶制备，探究其对密封胶性能的影响。试用改性沥青密封胶的配比和经验制备工艺，制备 1 号密封胶使用 90 号基质沥青、2 号密封胶使用 70 号沥青。制备的密封胶进行性能测试，结果见表 8-23。

表 8-23 不同基质沥青制备的密封胶参数

密封胶 \ 参数	软化点（℃）	锥入度（0.1mm）	弹性回复率（%）	流动值（mm）	低温拉伸（−30℃）
1	65.6	135	66	＞5	通过
2	87.2	107	65	1	通过

从表中看出：密封胶 1 的软化点为 65.6℃，明显低于密封胶 2 的 87.2℃；密封胶 1 的流动值＞5mm，而密封胶 2 的流动值为 1mm；密封胶 1 的锥入度为 135，要明显大于密封胶 2 的 107。从上述实验数据可以得到密封胶 1 的高温性能差，刚性不够；而密封胶 2 的各个性能指标均符合标准要求，因此 70 号石油沥青更适用于改性沥青密封胶。

（2）SBS 1301 和 SBS 1401

SBS（苯乙烯-丁二烯-苯乙烯嵌段共聚物）是一种热塑性弹性体，兼有塑料和橡胶的特性。根据单体苯乙烯、丁二烯的比例和聚合单元的不同，SBS 有多种不同的结构，比如有线型和星型；苯乙烯∶丁二烯有 3∶7 和 4∶6 等。根据文献描述，线型和星型结构的 SBS 中，线型 SBS 与沥青相容性较好，星型 SBS 与沥青容易发生离析现象，本文选取不同单体比例的线型 SBS1301（S∶B=3∶7）和 SBS1401（S∶B=4：6）进行对比试验，测试密封胶的性能。3 号密封胶使用 SBS1301 作为原料，4 号密封胶使用 SBS1401 作为原料。表 8-24 可以看出，SBS1401 制备的改性沥青的软化点比 SBS1301 高（约 4℃），密封胶 3 的高温性能更好，而低温性能两者几乎无差异。因此，SBS1401 更适用于制备密封胶。

表 8-24 不同 SBS 制备的密封胶参数

密封胶＼参数	软化点（℃）	锥入度（0.1mm）	弹性回复率（%）	流动值（mm）	低温拉伸（－30℃）
3	83.2	114	65	1	通过
4	87.2	107	65	1	通过

（3）橡胶粉

橡胶粉是将废旧橡胶轮胎经粉碎加工得到的，橡胶粉用于制备密封胶，不仅可以解决“黑色污染”，而且能改善密封胶的性能。本文探究了不同细度的橡胶粉对密封胶性能的影响，选取 20 目、40 目和 80 目橡胶粉进行对比试验，5 号密封胶使用 20 目橡胶粉，6 号密封胶使用 40 目橡胶粉，7 号密封胶使用 80 目橡胶粉。将制备的密封胶进行性能测试，从表 8-25 中可以看出，80 目橡胶粉对密封胶的软化点提升效果最好，密封胶的刚性更好，其他性能无明显差异。因此，80 目橡胶粉更适宜做改性剂。

表 8-25 不同橡胶粉制备的密封胶参数

密封胶＼参数	软化点（℃）	锥入度（0.1mm）	弹性回复率（%）	流动值（mm）	低温拉伸（－30℃）
5	84.5	115	61	1	通过
6	85.2	112	62	1	通过
7	87.2	107	65	1	通过

（4）相容剂

在改性沥青密封胶中，相容剂主要是增加改性剂与基质沥青的相容性以及改善密封胶的柔韧性，主要有芳烃油和环烷油。我们探究两种不同的相容剂对密封胶性能的影响，密封胶 8 使用芳烃油，密封胶 9 使用环烷油。对密封胶性能进行测试，见表 8-26。可以看出，两种相容剂对密封胶的各种性能都有着一定的影响，但也各自表现不同。比如，低温性能：环烷油可以明显改善密封胶的低温性能，达到－30℃低温拉伸不失粘、不脆断，而芳烃油制得的密封胶在－30℃发生失粘、脆断；软化点：芳烃油的加入能明显降低密封胶的软化点、增大密封胶的流动值，而环烷油对密封胶的软化点、流动值几乎无影响，说明环烷油对密封胶的高温性能影响小，而芳烃油能明显降低密封胶的高温性能。因此环烷油更适用于制备密封胶。

表 8-26 不同相容剂制备的密封胶参数

密封胶＼参数	软化点（℃）	锥入度（0.1mm）	弹性回复率（%）	流动值（mm）	低温拉伸（－30℃）
8	61.5	99	54	>5	不通过
9	87.2	107	65	1	通过

2. 制备工艺对密封胶性能的影响

改性剂 SBS、橡胶粉与基质沥青通过物理混合分散于沥青体系中，并吸收沥青中的油分而溶胀，体系呈“海-岛结构”。下面介绍选用相同配比、相同原料，不同制备工艺对密封胶性能的影响。

（1）不同工艺条件下密封胶的性能

设定改性温度为180℃，改性时间为30min的基础工艺将沥青进行改性，再加入填料和助剂搅匀后制成改性沥青密封胶。其中，工艺1为使用转速为60r/min的普通搅拌，得到密封胶10，工艺2为使用转速为1200r/min的胶体磨高速剪切，得到密封胶11。密封胶性能见表8-27，可以看出：使用胶体磨高速剪切工艺制备的密封胶11的软化点更高、流动值更低，密封胶的耐高温性能更好。除此之外，还测试了密封胶在5℃下的延度，密封胶11的延度要明显优于密封胶10，密封胶的抗形变能力更强，密封胶11的刚韧性都优于密封胶10，因此，高速剪切工艺更适合用于制备密封胶。

表8-27 不同工艺制备的密封胶参数

密封胶＼参数	软化点（℃）	锥入度（0.1mm）	弹性回复率（%）	流动值（mm）	低温拉伸（-30℃）	5℃延度（cm）
10	78.6	116	66	6	通过	32
11	85	116	67	1	通过	68

（2）性能指标接近，不同工艺的密封胶配比

以寒冷型改性沥青密封胶为例，在都能达到密封胶的技术要求下，探究不同工艺条件下密封胶的配比。结果见表8-28、表8-29，可以看出，两种工艺条件下制备的密封胶在配比上有着较大的出入，总体来说有：①高速剪切工艺添加的改性剂（SBS、橡胶粉）的量要少于普通搅拌工艺；②高速剪切工艺需要的相容剂的添加量要少于普通搅拌工艺；③高速剪切工艺可以加入更多量的填料，但性能上能完全达到标准要求，因而其材料成本更低；④高速剪切工艺条件下的改性沥青密封胶的延度明显优于普通搅拌工艺。从以上几点差异可以得出：使用高速剪切工艺制备的改性沥青密封胶不仅能大幅降低制备过程中的原材料成本（以现有原材料市场价，使用高速剪切制备的密封胶材料成本约节省20%），而且制备的密封胶性能也优于普通搅拌工艺。

表8-28 使用不同工艺的密封胶配比

密封胶＼原料	石油沥青	SBS	橡胶粉	环烷油	矿粉	助剂
12（普通搅拌工艺）	2.5	0.2	0.4	0.8	0.8	适量
13（高速剪切工艺）	2.5	0.15	0.25	0.75	13	适量

表8-29 不同工艺制备的密封胶参数

密封胶＼参数	软化点（℃）	锥入度（0.1mm）	弹性回复率（%）	流动值（mm）	低温拉伸（-30℃）	5℃延度（cm）
12（普通搅拌工艺）	86.8	104	64	1	通过	45
13（高速剪切工艺）	87.2	107	65	1	通过	61

8.15.3 改性沥青密封胶在道路养护中的应用

我们制备的密封胶多年来广泛应用于新路分格缝缝隙处理与路面缺陷修补养护工程，均受业主青睐。主要应用范围与工法如下。

1. 分格伸缩缝做法

将分格缝清理干净，自然干燥，缝底部干铺一层卷材作背衬材料，再热灌密封胶，分2次灌满，表面撒一层黄砂，10min后可以通车运营。如图8-88所示。

2. 路面深长裂缝修补做法

沿缝剔槽，深约6cm，宽约3cm，缝内清理干净，热灌密封胶与缝口齐平，然后撒一层黄砂，稍加压实即可。如图8-89所示。

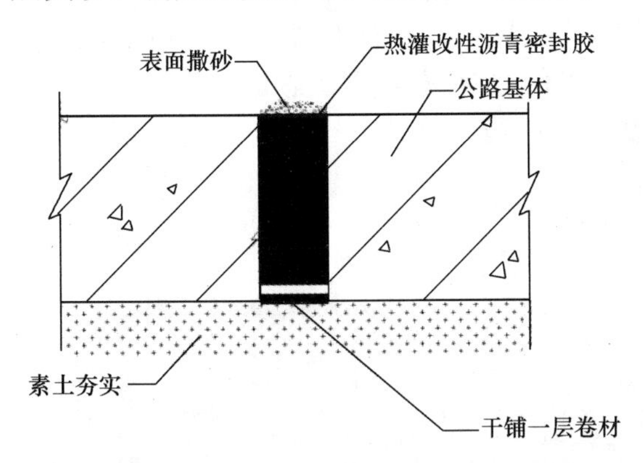

图8-88 公路分格伸缩缝热灌密封胶示意图

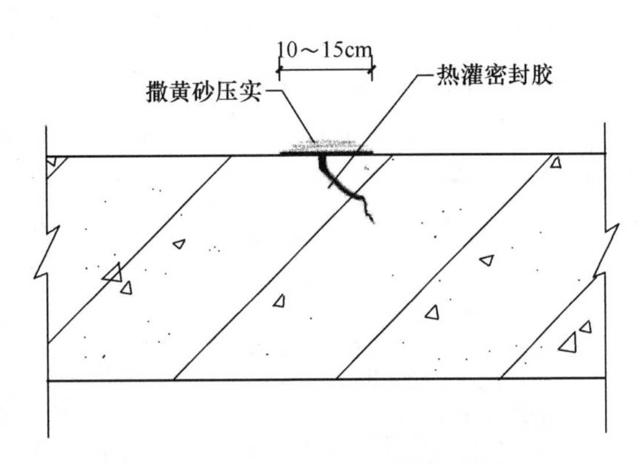

图8-89 路面深长裂缝修补示意图

3. 一般裂缝与小孔小洞修补做法

将裂缝清理干净，用钢丝将缝、孔内的杂物勾出来，用电动吹尘器吹掉浮尘、杂物，然后注入热密封胶，并用刮板刮平，表面撒一层干净细砂，并轻轻压实，冷后即可通车。

8.15.4 结语

裂缝是路面早期损害的表现形式，如不及时进行养护可能造成路面进一步损坏，造成更大的经济损失，而且还对行车造成一定的安全隐患。本节以《路面加热型密封胶》JT/T 740—2015中规定的寒冷型作为案例，探究了原料型号、添加量制备工艺对改性沥青密封胶性能的影响，按优选的原料和工艺制备得到的改性沥青密封胶，其各项性能均能达到行业标准JT/T 740—2015要求。研制的改性沥青密封胶作为分格缝嵌缝与路面裂缝的修补养护材料，不仅效果良好，而且养护成本低，具有广泛的应用前景。

8.16 “神舟登月”谱写新华章 记湖南神舟防水公司创新二三事

编委会采访组 文 举

8.16.1 概述

湖南神舟防水公司于2003年由王大祥、黄红卫、江一凡、谢树龙等7个防水强人自筹资金组建的民营防水企业。初期租用几千平方米场地建一个车间生产改性沥青卷材与部分防水涂料。他们本着艰苦奋斗、奋发图强的精神，重视科学技术，吸取国内外先进经验，努力开发新产品，探索施工新技术，逐步成长为一个集科研、生产、营销与施工服务为一体的现代化防水企业。

公司注册资金 10200 万元，具有国家一级施工资质，年产值 8000 多万元，年施工额达 1.8 亿元以上，是一家上规模的防水保温防腐综合性企业。年产卷材 3000 万 m^2、年产涂料和密封胶 1 万 t。

目前产品有改性沥青卷材、高分子卷材、自粘卷材、高分子防水涂料、建筑密封胶、注浆堵漏材料六大类近百种材料。在近 30 个省（市、区）中建有营销与施工服务点 100 多处。

19 年来，东起上海，西到拉萨，南达海南，北抵黑龙江，都有神舟人的足迹，为我国防水保温防腐事业作出了贡献。现任董事长王大祥，现任总经理丁志良。

近 3 年又投资 3000 多万元，建立了宽幅卷材生产线，改建了“三废”处理系统，形成了绿化环保生产基地。

有关情况如图 8-90 所示。

建筑业企业资质证书

营业执照

采用国际标准产品认可证书
ADOPTING INTERNATIONAL STANDARD PRODUCT APPROVAL CERTIFICATE

图 8-90　公司基本情况展示

8.16.2　非沥青质高分子宽幅卷材异军崛起

建厂初期，租用他家设备生产三元乙丙橡胶（EPDM）卷材氯丁橡胶（RC）卷材、氯化聚乙烯（CPE）卷材。2019 年下半年开始，自建高分子卷材车间，采用挤出成型工艺生产宽幅 2m 热塑性 TPO 卷材、HDPE 卷材、PVC 卷材。

（1）生产线的创新——自制幅宽切割调节器：购置的生产线未配宽窄调节器，如果补购需要几十万元。公司决定自制，邀请了三个不同单位的机械师勘测生产线现场，提出合理建议，勘测者均摇头而去。后找来一个老机械工，他仔细查看了生产线，提出了调节器的设想，并绘制了草图，按图加工，安装后试机生产成功！如图8-91所示。

调节器自制，不但节省了费用，而且便于日后维护维修。调节器自制成功，可根据设计或用户需要，个性化生产不同宽度的卷材。

（2）该生产线可生产多种热塑性卷材。目前以生产HDPE自粘防水胶膜为主，也试产了PVC、EVA卷材。

（3）神舟牌HDPE高分子防水胶膜，不但在湖南多项工程中试用，而且在河南郑州天一花园地下室进行了2万多平方米预铺反粘施工，在陕西西安市东航空港保障基地项目（住宅东）地下室5.52万m^2预铺反粘应用，得到业主好评。

图8-91　自制幅宽切割调节器

（4）神舟牌PDPE防水胶膜铺设新工艺：由于卷材由片材、自粘胶层与活性硅砂三部分组成，卷材铺贴后无须浇捣50mm厚混凝土保护层，即在砂层上直接绑扎钢筋与浇筑结构混凝土，不但省工省料，而且大大缩短工期。这种工艺深受业主欢迎。

8.16.3　别具特色的营销商店与施工服务相结合

神舟公司没有专业销售商店，他们不花一分钱但在全国各地拥有100多家联络处。联络处的负责人绝大多数是醴陵人或株洲人，他们自愿到公司接受业务培训后自行择地成立联络处，既销售材料又承接工程，经济上自负盈亏。公司以优惠出厂价供应材料给各联络处，他们销售材料与施工服务的营业收入如数全部打入公司财务科，财务科按合同及时发放营销利润与服务工资。每年正月初八至初十回到公司接受业务再培训。借此机会，对效益优秀者公司给予奖励。

这种营销形式别具特色，公司不花钱在全国范围形成销售与施工服务网络；个人花小钱有了工作岗位，带着公司资质与材料承接防水保温防腐工程。

8.16.4　车间生产升华为绿色环保阵地

以往车间生产“三废”处理采用收集、过滤、沉淀、分离一些简易的物理方法，不能从根本上解决环境污染问题。

2019年公司投入1000多万元，用物理—化学—生物相结合的网络方式消除废气、废水、废尘、废渣，为工人生产创建一个适宜的环境，杜绝有害气体、烟雾排入空中，建成了文明、卫生、环保的绿色生产基地，为行业起了示范标杆作用。

8.16.5　承担国家重大重点建设工程的防水保温防腐项目

19年来，神舟公司先后为全国31个省（市、区）1000多项国家重大、重点工程提供上亿平方米的防水保温防腐服务，均得到好评。其中经典工程案例为：

北京大兴国际机场　　　　杭州国际博览中心

广深港高铁
长沙黄花国际机场
福建福鼎宁德核电厂
湖南湘雅医院
贵阳万科大都会及玲珑湾
长沙万科金域华府
长沙及湘潭万达广场
东莞碧桂园江畔花园
增城碧桂园凤凰城
徐州碧桂园南湖湾
哈尔滨玉泉酒业
沈阳碧桂园银河城
江苏华电句容发电厂
南京德基广场
南京青奥会体中心
广西防城港新港明珠
江门亚太纸业
海南洋浦国储粮库
青岛国贸中心
乌鲁木齐机场
乌鲁木齐华凌广场
四川金六福酒业
宁夏悦沙电厂
浙江和鼎铜业
浙江长三角国际石材城
重庆上海大厦
杭州风雅钱塘大厦
大庆油田创业城及汇景花园
南昌北大资源·智汇苑
昆明鹤唐福景
昆明南悦城
首都机场地产武汉云梦台
中核兰州 504 厂
湛江海军 4804 厂
内蒙古金剑铜业
内蒙古神华集团
安徽金隆铜业
广西平果铝业
厦门翔安海底隧道
国网陕西咸阳供电公司
海口世贸雅园
电建地产长沙卢浮原著
长沙地下综合管廊
五矿山东泰安万境水岸
广东惠东县稔平半岛 PCCP 防腐
广州市岐山车辆段
贵溪冶炼厂
岳阳巴陵石化
岳阳金悦洋商业公园
长株潭城际铁路
长沙地下综合管廊
株洲神农太阳城及大剧院
株洲云龙磐龙生态社区
醴陵瓷谷及陶瓷会展馆
宁夏大坝电厂
北京郑常庄热电厂
天津悦港电厂
安徽六安电厂
重庆轨道交通
深圳、杭州、成都、南昌、长沙等地铁
长沙、郴州、邵阳、常德等烟草基地
武广、厦深、石武、哈佳、西成等高铁
广州白云国际机场
国家卫星发射中心酒泉军用机场
昆明长水机场站坪及跑道
中国人民解放军北京空军机场跑道
西藏拉萨贡嘎机场
四川成都双流国际机场
陆航局福州永乐直升机场
厦门高崎国际机场等机场跑道嵌缝

部分重大重点工程照片如图 8-92 所示。

神舟人在董事长王大祥与总经理丁志良先生的带领下，乘风破浪，科技先行，朝优质高效绿色环保发展新路奋进新征程。

北京大兴国际机场

杭州国际博览中心

青藏铁路

拉萨火车站

广深港高铁

徐闻风力发电场

长沙湘雅医院

南京德基广场

醴陵瓷谷

南宁东站

贵阳万科大都会

昆明南悦城

增城碧桂园凤凰城

长沙万达广场

株洲神农太阳城

江西铜业贵溪冶炼厂

福建宁德核电厂

图 8-92　重大工程展示图

附录1　放眼世界思图强

——国外点滴讯息集锦

▲欧洲：是改性沥青卷材的发源地，长期以来改性沥青卷材防水占防水市场的60%～90%的份额，但因沥青对大气存在一定程度的污染，高分子卷材并不含沥青，故高分子单层卷材将继续增长并压缩沥青卷材市场份额。2011—2016年卷材增长趋势为：

PVC卷材增长5.3%　高质量PVC卷材增长6.5%

TPO卷材增长7.1%　EPDM卷材增长5.5%

PIB卷材增长2.1%　EGB卷材增长-6%

所有TPO卷材几乎都是加强型。

▲美国：屋面卷材的市场占有率（%）如下：

卷材种类	2010年	2011年	2012年	2013年
SBS	13	13	15	15
APP	16	15	13	13
PVC	14	14	15	15
TPO	33	34	34	34
EPDM	24	24	23	23

现在沥青屋顶的造价远高于PVC卷材，故日益萎缩；单层屋面强劲增长，一些大企业正在转型开发单层卷材。

改性高质量PVC卷材包括：PVC-苯乙烯-二乙烯苯；PVC-ASA；PVC-乙烯共聚物；PVC-EPDM；PVC-ERA-EBA共混等。

▲2014年有资料显示，日本屋面维修改造工程100%采用隔热工法的比例：2012年占14.6%，2013年占5.2%。100%采用一般工法的比例：2012年占22%，2013年占39%。

▲日本防水工程维修采用的材料

外墙维修：渗透涂料占18.2%；环氧涂膜占9.1%；
水泥系涂膜占9.1%；聚氨酯涂膜占4.5%。

外露屋面维修：PVC卷材2012年为25%，2013年为31.1%；
改性沥青卷材为15.6%～17.8%；
聚氨酯涂膜为13.3%；橡胶卷材为6.7%。

地下工程维修：水泥系涂膜占26.5%（2013年）；渗透涂料占17.4%（2013年）；
聚氨酯涂膜占8.7%（2013年）；其他涂膜占8.7%。

▲冷屋面降低屋面温度4～6℃，减少空调能耗20%～40%。

日本冷屋面占60%以上，美国比例更高。

“冷屋面”是指反射率大于65%，热辐射系数大于75%的屋面系统。

▲泳池渗漏修复：采用装饰 PVC 卷材，目前欧美此类做法占泳池 80%份额（索普瑞玛上海建材贸易公司李鸿睿）。

▲2016 年日本密封胶总产量 89588KL

其中改性硅酮：双组分占 30.3%，单组分占 9.7%；

聚氨酯（PU）密封胶：双组分占 13.9%，单组分占 3%；

聚硫（PS）密封胶：双组分占 13.5%，单组分占 3%。

▲美国推出超长耐久性酮乙烯酯 KEE 高分子防水卷材。

▲欧洲 2011 年沥青质防水卷材市场总量为 9.5 亿 m^2；单层屋面卷材总量为 3.92 亿 m^2。单层屋面卷材应用 PVC 占 60%～65%。高质量 PVC 卷材内掺苯乙烯、乙二烯、ASA、EPDM 改性。

▲德国有 7364 个防水企业会员，大部分为 4～10 人的小公司。

▲意大利安德巴赛尔公司已有近百年历史，在 18 个国家设有 58 个工厂，14000 多名员工，产品销往上百个国家，2011 年销售收入为 480 亿美元。

▲美国卡莱尔公司生产三元乙丙橡胶卷材，幅宽 15m，长 60m。

▲荷兰的种植毯使用寿命约 50 年。

▲改性沥青卷材在欧洲、美国很多都是“迭层铺设”，在日本单层应用已被淘汰。

▲美国有人在 SBS 改性沥青中添加聚氨酯，是近 40 年屋面行业最具创造性的技术之一，极大延长低坡屋面的使用寿命。

▲2015 年日本防水行业问卷调查报告透露：

1）信赖的防水工法

◎沥青热粘法：2015 年占 26.3%（2014 年占 29.2%）

◎PU 涂膜工法：2015 年占 14.3%（2014 年占 15.2%）

◎PVC 卷材工法：2015 年占 10.4%

◎纤维增强聚酯涂膜：2015 年占 9.5%

◎改性沥青热粘工法：2015 年占 4.7%

◎合成橡胶卷材工法：2015 年占 3.6%

2）新建工程采用的材料和工法

◎有保护层的占 35%

◎外露防水工法占 44.7%

◎隔热工法占 49.2%

3）对防水耐用年限的期望

◎有保护层 30 年以上占 42.6%，20 年以上占 34%，10 年以上占 23.4%；

◎外露 30 年以上占 7.3%，20 年以上占 33.4%，10 年以上占 58.3%。

▲荷兰迈图公司是世界上最大的硅酮和硅系衍生产品，1930 年成立，在美、欧、亚州共有 24 个生产基地，创造了至少 10 项世界第一。

▲日本 MS（改性硅酮）密封胶使用了近 40 年，在日本密封胶中占有 40%的份额。

▲欧洲种植屋面有 3000 万 m^2 左右，70%为轻型种植屋面，30%为花园式种植，要求防水和阻根卷材的总厚度≥10mm。

▲欧洲单层屋面市场：英国 PVC 卷材占 95%、德国 PVC 卷材占 60%。卷材幅宽

2～4m，美国PVC卷材幅宽3～4m。欧洲PVC卷材增塑剂禁用DBP、DOP，采用分子量高不易迁移的DINP。

PVC卷材在欧美的平均寿命大于30年（屋面），北美使用寿命超35年。

▲经济发达国家改性沥青卷材生产运行速度100m/min左右；油毡瓦生产速度更快。

▲美国2005年调查分析，屋面破坏57%是施工质量差，19%是气候影响，16%是产品问题。

▲美国玻纤棉保温约为57%（2001—2003年），纤维保温约为31%。

▲德国希尔德斯海姆圣玛丽教堂，1280年应用铅金属防水，至今还在使用；德国科隆大教堂铅屋面持续使用了300年之久。

▲目前欧洲水性防水涂料使用率达80%以上。

▲日本2006年PVC卷材占全部片材的49.7%。

▲美国建筑内墙大多数以涂料饰面为主，外墙80%以上采用建筑涂料。

▲建筑寿命：英国平均132年，美国74年，日本20世纪80年代提出“百年住宅”构想。

▲日本应用的主要防水涂料的厚度要求：

◎屋面用聚氨酯橡胶涂膜，平均厚度3mm；

◎沥青橡胶系涂料：厨卫间2.7mm厚，地下外墙4mm厚；

◎聚酯树脂涂料（FRP）：屋面、走廊、阳台2.5mm厚；

◎外墙丙烯酸橡胶系：平均1.0mm。

▲防水工程造价：经济发达国家占工程总价的8%～10%，日本公认为10%。

附录2 新建工程防水造价参考资料

单位：m^2

序号	项目		基价（元/m^2）	人工费	材料费	机械费	备注
1	屋面改性沥青卷材	热熔满粘3mm厚单层	52.27	12	39.57	0.70	引A8-13
		热熔满粘4mm厚单层	59.63	12	46.93	0.70	
		3mm厚自粘单层	58.60	12	45.13	1.47	引A8-15
		4mm厚自粘单层	61.45	12	47.98	1.47	
2	屋面高分子卷材	胶粘1.5mm厚三元乙丙单层卷材	53.48	12	40.98	0.5	引A8-17
		胶粘1.5mm厚单层聚氯乙烯卷材（增强型）	55.78	12	42.98	0.8	引A8-19
		胶粘双层聚乙烯丙纶复合卷材	62.39	12	50.39	—	引A8-18
3	大面胶粘1.5mm厚TPQ卷材		103.76	14.76	88.55	0.45	引A8-21
4	2mm厚非固橡胶沥青涂料＋3mm厚改性沥青卷材		92.55	20.3	70.53	1.71	引A8-22
5	屋面双组分聚氨酯涂膜2mm厚		55.83	12.5	42.68	0.65	引A8-26
6	屋面Ⅰ型JS涂料手刷1.5mm厚		53.62	12.5	40	1.12	引A8-29
7	屋面手刷1.5mm厚有机硅涂料		95.24	12.5	81.24	1.5	引A8-33
8	屋面手刷1.5mm厚丙烯酸防水涂料		64.34	12.5	50.34	1.5	引A8-37
9	屋面反辐射防水隔热涂料，手刷1.5mm厚		61.22	12.5	48.37	0.35	引A8-41
10	屋面喷涂1.5mm厚速凝橡胶防水涂膜		64.10	6.5	56.70	0.9	引A8-43
11	屋面10mm厚聚合物水泥防水砂浆		33.46	13.12	2000	0.34	引A8-48
12	屋面分格缝嵌填弹性密封膏（m）		26.03	3	22.9	0.13	引A8-56
13	平面细部构造附加层增强（m^2）		61.37	17	44.05	0.32	引A8-161
14	立面细部构造附加层增强（m^2）		67.54	22.4	44.50	0.64	引A8-162
15	设备支座、管根等异形部位附加层增强		76.54	22.4	53.82	0.32	引A8-163
16	地下室底板热熔改性沥青卷材	大面满粘3mm厚卷材	51.92	12	1957.4	0.34	引A8-80
		大面空铺3mm厚卷材	50.28	11	39.02	0.26	引A8-81
17	地下室底板铺贴3mm厚自粘沥青卷材	满面自粘	53.46	11	42.05	0.42	引A8-81
		大面空铺	52.86	10.5	42.04	0.31	引A8-84

续表

序号	项目		基价（元/m^2）	人工费	材料费	机械费	备注
18	地下室底板自粘高分子卷材	1.5mm 厚 HDPE 自粘胶膜	38.86	12	26.36	0.50	引 A8-86
		1.5mm 厚层压交叉膜自粘卷材	45.71	12	33.21	0.50	引 A8-87
19	地下室底板	铺涂 2mm 非固涂料加 3mm 自粘改性沥青卷材	84.28	14	69.08	1.21	引 A8-88
20	铺设膨润土防水毯	单层空铺，机械固定	54.40	13	41.05	0.35	引 A8-89
21	地下室侧墙	2mm 厚聚氨酯防水涂膜	57.63	12	45.16	0.47	引 A8-97
		2mm 厚 JSⅡ型防水涂料	63.69	12	51.27	0.43	引 A8-99
		2mm 厚强力交叉膜自粘卷材	130.16	12.1	116.08	1.98	引 A8-93
		1.5mm 厚增强型聚氯乙烯卷材	57.50	12.1	44.4	1	引 A8-94
22	地下室顶板卷材防水	4mm 厚热熔改性沥青卷材	57.90	12	45.71	0.2	引 A8-100
		4mm 厚化学阻根热熔卷材	69.05	12	56.66	0.39	引 A8-102
		4mm 厚湿铺改性沥青卷材	62.67	12	50.48	0.2	引 A8-106
23	地下空间桩头防水 ϕ1000mm（个）		230.54	103.5	126.72	0.32	引 A8-109
24	地下空间出入斜道	底板 4mm 厚改性沥青卷材＋CCCW 渗透剂	90.21	12	77.1	0.5	引 A8-113
		侧墙 CCCW 渗透剂＋2mm 厚强力交叉膜卷材	99.92	13	86.42	0.5	引 A8-114
		预留通道接头防渗（m）	102.17	20.5	79.47	2.2	引 A8-115
25	电梯井防水	井壁外防水湿铺双面自粘 3mm 沥青卷材	102.96	13	89.61	0.35	引 A8-116
		井内五面防水 CCCW＋防水砂浆	76.99	18.4	57.59	1	引 A8-119
26	地下工程结构自防水Ⅱ级	底板厚 25cm	64.04	12.5	51.54		
		侧墙厚 30cm	76.54	15	61.54		
		顶板厚 18cm	46.23	9	37.23		
		防水砂浆厚 2cm	29.07	12	17	0.76	
27	地上工程外墙防水	Ⅰ型 JS 涂料 1.5mm 厚	51.64	12	39.29	0.35	引 A8-124
		外窗框周边 20cm 宽Ⅰ型 JS 涂料 2mm 厚	10.53	2.8	7.66	0.07	引 A8-126
		1.5mm 厚丙烯酸防水装饰涂料	62.56	12	50.05	0.5	引 A8-128
		有机硅防水涂料 1.5mm 厚	107.25	12	94.75	0.5	引 A8-129
28	喷涂硬泡聚氨酯防水保温层 30mm 厚		88.09	11	74.09	3	引 A8-130
29	墙面防水砂浆	20mm 厚掺聚羧酸防水剂	36.38	12	23.66	0.73	引 A8-135
		10mm 厚聚合物防水砂浆	33.30	13.12	20	0.18	引 A8-137

续表

序号	项目		基价（元/m^2）	人工费	材料费	机械费	备注
30	墙缝打胶（m）	混凝土墙缝打 MS 密封胶	38.49	9.2	28.93	0.37	引 A8-139
		金属墙缝打 MS 密封胶	31.19	9.2	21.63	0.36	引 A8-140
		玻璃幕墙打硅酮结构胶		9.2		0.36	
31	楼地面刷 1.5mm 厚单组分聚氨酯涂料		45.81	12	33.46	0.35	引 A8-143
32	楼地面刷环氧树脂防水涂料 1.5mm 厚		96.47	13	83.15	0.32	引 A8-157
33	变形缝嵌填密封胶（m）	建筑油膏	49.58	26.25	22.38	0.95	引 A8-167
		聚氨酯密封胶	81.88	26.25	55.13	0.5	引 A8-168
		聚硫密封胶	97.02	26.25	70.27	0.5	引 A8-169
34	预埋止水带（m）	塑料止水带	101.75	34.15	63.60	4	引 A8-176
		橡胶止水带	161.37	34.15	123.16	4	引 A8-177
		钢板止水带	151.22	27.72	122.31	1.15	引 A8-179
		背贴式橡胶止水带	99.39	34.15	61.24	4	引 A8-178
35	污水处理池防渗防腐	刷涂 1.5mm 厚聚脲防水防腐涂料	127.05	13.8	112.84	0.41	引 A8-186
		刷涂 2mm 厚环氧树脂防水防腐涂料	141.39	13.8	127.18	0.41	引 A8-188
36	外墙隔热保温（m^2）	粘贴 30mm 厚聚苯板保温层外保温系统	47.39	19.63	27.17	0.59	引 A9-1
		干挂 50mm 厚岩棉板外保温	71.4	34.88	35.86	0.66	引 A9-3
		粘贴 30mm 厚 XPS 聚苯板内保温	52.92	17.42	34.99	0.51	引 A9-4
		粘贴 30mm 厚 EPS 复合板内保温	72.31	30.94	40.86	0.51	引 A9-5
37	50mm 厚岩棉板防火隔离带	300mm 宽	60.24	22.55	37.69		引 A9-10
		450mm 宽	58.49	21.42	37.06		引 A9-11
		500mm 宽	56.9	20.3	36.6		引 A9-12
		600mm 宽	55.22	19.17	36.05		引 A9-13

说明：1. 上表引自 2020 年《湖南省房屋建筑与装饰工程耗量标准（基价表）》。

2. 单项工程造价为：【基价×（1＋取费标准百分率）＋税金】。

附录3　渗漏修缮工程防水基价参考资料

单位：元/m^2

<table>
<tr><th>序号</th><th colspan="2">项目做法</th><th>基价</th><th>人工费</th><th>材料费</th><th>机械费</th><th>备注</th></tr>
<tr><td>1</td><td colspan="2">2mm 非固涂料+4mm 自粘改性沥青卷材</td><td>112.8</td><td>22</td><td>85.8</td><td>5</td><td></td></tr>
<tr><td>2</td><td colspan="2">1.5mmJS 涂料+4mm 自粘改性沥青卷材</td><td>101.3</td><td>22</td><td>74.3</td><td>5</td><td></td></tr>
<tr><td>3</td><td colspan="2">1.5mm 改性沥青涂料+4mm 自粘改性沥青卷材</td><td>93.8</td><td>22</td><td>66.8</td><td>5</td><td></td></tr>
<tr><td>4</td><td colspan="2">2mm 非固涂料+1.5mm 强力交叉膜自粘卷材</td><td>100.15</td><td>22</td><td>73.15</td><td>5</td><td></td></tr>
<tr><td>5</td><td colspan="2">1.0mmBG-V 黑将军 J 基橡胶自粘卷材</td><td>125.16</td><td>22</td><td>98.16</td><td>5</td><td></td></tr>
<tr><td>6</td><td colspan="2">1.0mm 水性特粘涂料+3mm 自粘卷材</td><td>122.85</td><td>22</td><td>95.85</td><td>5</td><td></td></tr>
<tr><td>7</td><td colspan="2">1.3mm 二道粘结剂+0.7mm 二道丙纶卷材</td><td>112.6</td><td>22</td><td>85.6</td><td>5</td><td></td></tr>
<tr><td>8</td><td colspan="2">1.0mmDPU-E 耐候聚氨酯涂料</td><td>110.8</td><td>22</td><td>83.8</td><td>5</td><td></td></tr>
<tr><td>9</td><td colspan="2">1.2mm 水性三元乙丙涂料</td><td>92.0</td><td>22</td><td>65</td><td>5</td><td></td></tr>
<tr><td>10</td><td colspan="2">1.2mm 聚脲防水涂料</td><td>114.8</td><td>22</td><td>87.8</td><td>5</td><td></td></tr>
<tr><td>11</td><td colspan="2">1.2mm 改性环氧涂料（EPW）</td><td>114.8</td><td>22</td><td>87.8</td><td>5</td><td></td></tr>
<tr><td>12</td><td colspan="2">1.0mm 天冬聚脲涂料</td><td>182</td><td>22</td><td>155</td><td>5</td><td></td></tr>
<tr><td>13</td><td colspan="2">1.5mm 防水隔热反辐射涂料</td><td>133.5</td><td>22</td><td>106.5</td><td>5</td><td></td></tr>
<tr><td>14</td><td colspan="2">外墙瓷砖基层堵漏修缮</td><td>111</td><td>66</td><td>33</td><td>12</td><td></td></tr>
<tr><td>15</td><td colspan="2">外墙涂料基层堵漏修缮</td><td>103</td><td>44</td><td>47</td><td>12</td><td></td></tr>
<tr><td>16</td><td colspan="2">清水砖基层外墙堵漏修缮</td><td>69.5</td><td>44</td><td>13.5</td><td>12</td><td></td></tr>
<tr><td>17</td><td colspan="2">外墙马赛克基层堵漏修缮</td><td>79.5</td><td>44</td><td>25.5</td><td>10</td><td></td></tr>
<tr><td rowspan="3">18</td><td rowspan="3">厨卫浴室免砸砖堵漏修缮，面积 6m^2，每个房间</td><td>一般渗水</td><td>1218</td><td>440</td><td>778</td><td>—</td><td></td></tr>
<tr><td>严重渗水</td><td>1818</td><td>440</td><td>1378</td><td>—</td><td></td></tr>
<tr><td>地砖下积水注浆堵漏</td><td>2892</td><td>440</td><td>2392</td><td>60</td><td></td></tr>
<tr><td rowspan="3">19</td><td rowspan="3">阳台免砸砖修缮，每个 6m^2</td><td>一般渗漏</td><td>1108</td><td>330</td><td>778</td><td>—</td><td></td></tr>
<tr><td>严重渗漏</td><td>1708</td><td>330</td><td>1378</td><td>—</td><td></td></tr>
<tr><td>注浆堵漏</td><td>2782</td><td>330</td><td>2392</td><td>60</td><td></td></tr>
<tr><td rowspan="8">20</td><td rowspan="8">地下空间顶板渗漏修缮</td><td>结构裂缝（≤3mm）</td><td>1040</td><td>660</td><td>305</td><td>75</td><td></td></tr>
<tr><td>结构面渗漏</td><td>535</td><td>220</td><td>240</td><td>75</td><td></td></tr>
<tr><td>CCCW 渗透材料</td><td>462</td><td>22</td><td>420</td><td>20</td><td></td></tr>
<tr><td>抗背水压涂料</td><td>502</td><td>22</td><td>460</td><td>20</td><td></td></tr>
<tr><td>DPS 防水剂</td><td>336</td><td>22</td><td>294</td><td>20</td><td></td></tr>
<tr><td>M1500 抗渗密实剂</td><td>97</td><td>22</td><td>55</td><td>20</td><td></td></tr>
<tr><td>变形缝渗漏</td><td></td><td></td><td></td><td></td><td></td></tr>
<tr><td>施工缝渗漏</td><td></td><td></td><td></td><td></td><td></td></tr>
</table>

续表

序号	项目做法		基价	人工费	材料费	机械费	备注
21	地下空间侧墙渗漏修缮	结构裂缝（≤3mm）	520	220	225	75	
		墙根渗漏	734.5	220	439.5	75	
		大面砖结构渗漏	952.9	220	582.9	150	
22	地下空间底板堵漏	结构裂缝堵漏	699.5	220	429.5	50	
		结构不密实堵漏	590	110	430	50	
		大面砖混结构堵漏	837.5	220	587.5	30	
23	电梯井堵漏修缮，底部面积 $4m^2$，周边面积 $7m^2$	渗水堵漏	10175	1980	7695	500	
		漏水堵漏	15040	2200	12340	500	
		涌水堵漏	18900	2420	15980	500	
24	通风口密封堵漏修缮		2030	220	1660	150	每个通风口
25	地下工程变形缝（≤30mm宽）渗漏修缮	水溶性聚氨酯注浆	2969.51	880	1909.5	180	
		油溶性聚氨酯注浆	3089.5	880	2029.5	180	
		环氧树脂注浆	3569.5	880	2509.5	180	
		丙烯酸盐注浆	3089.5	880	2029.5	180	
		非固化橡胶注浆	3689.5	1100	2349.5	240	
		后置橡胶止水带	1630	660	790	180	
		锢水胶注浆	3305.5	880	2245.5	180	
		DZH 堵漏剂注浆	3089.5	880	2029.5	180	
26	地下工程施工缝渗漏修缮，每m缝≤2mm宽	水溶性聚氨酯注浆	1372.8	440	852.8	80	
		油溶性聚氨酯注浆	1422.8	440	902.8	80	
		丙烯酸盐注浆	1422.8	440	902.8	80	
		环氧树脂注浆	1622.8	440	1102.8	80	
		锢水胶注浆	1610.8	440	1090.8	80	
		DZH 堵漏剂注浆	1422.8	440	902.8	80	
27	后浇带≤5mm裂缝修缮（m）	注浆＋聚合物水泥砂浆	2220	660	1460	100	
28	穿墙管堵漏（个）	ϕ100mm孔洞，注浆＋防锈＋密封	1523	220	1223	80	
29	地下电缆管堵漏（个）	注浆＋封固＋抗渗浆料	2494	440	2004（锢水胶）	50	
30	预埋件堵漏（个）	引水＋注浆＋密封＋防水浆封闭	1088.4	330	708.4	50	
31	水池、水塔 SKD 陶瓷浆料堵漏（m^2）		870	220	570	80	
32	粮库防潮修缮：抗渗浆料＋特种自粘高分子卷材		431	110	301	20	

续表

序号	项目做法	基价	人工费	材料费	机械费	备注
33	地铁盾构隧道管片对接缝堵漏：止水＋注浆＋防水砂浆（m）	737.4	220	437.4	80	
34	高铁、地铁隧道标准断面套衬补强：植筋＋打设锚杆＋喷射混凝土（m）	134006	100540	11356	22110	

说明：1. 上表主要参照《中国建筑防水堵漏修缮定额标准》(2021年版）编成。造价虽然偏高一点，但选材、工艺工法值得借鉴。

2. 单项工程造价为：基价（直接费）×1.4667（也可按各省、市、区取费标准的规定取费）。

主要参考文献

[1] 沈春林. 新型建筑防水材料施工[M]. 北京：中国建材工业出版社，2015.
[2] 陈宏喜. 注浆堵漏防水实用技术手册[M]. 北京：中国建材工业出版社，2019.
[3] 全国第23届防水技术交流大会.《论文集》[C]，苏州：中国硅酸盐学会防水材料专业委员会，2021.
[4] GB 50345—2012，屋面工程技术规范[S]. 北京：中国建筑工业出版社，2012.
[5] JGJ 155—2013，种植屋面工程技术规程[S]. 北京：中国建筑工业出版社，2013.
[6] GB 50108—2008，地下工程防水技术规范[S]. 北京：中国计划出版社，2009.
[7] 叶林标，张玉玲，蒙炳权，等.《建筑工程施工手册》[M]. 北京：中国建筑工业出版社，1992.
[8] 叶林标，曹征富. 建筑防水工程施工新技术手册[M]. 北京：中国建筑工业出版社，2018.
[9] 中国涂料工业协会. 中国涂料工业100年[M]. 北京：化学工业出版社，2015.
[10] 沈春林. 中国建筑防水堵漏修缮定额标准(2021版)[M]. 北京：中国标准出版社，2021.
[11] 沈春林，苏立荣，李芳. 建筑防水密封材料[M]. 北京：化学工业出版社，2003.
[12] 陈宏喜. 注浆堵漏防水实用技术手册[M]. 北京：中国建材工业出版社，2019.
[13] 陈宏喜，唐东生，李晓东. 建筑工程渗漏修缮实用技术手册[M]. 北京：中国建材工业出版社，2021.
[14] 黄伯瑜、皮心喜主编与祝永年主审《建筑材料》[M]. 北京：中国建筑工业出版社，1978.
[15] 建设部科技发展促进中心，北京振利高新技术公司. 外墙外保温应用技术[M]. 北京：中国建筑工业出版社，2005.
[16] 鞠建英，等. 实用地下工程防水手册[M]. 北京：中国计划出版社，2002.

后　记

陈宏喜、陈森森、杜昕三人主编的《建筑工程防水堵漏创新技术》这本书好就好在“创新”二字，防水堵漏绝不是“一针灵”和“三板斧”。

专业建筑防水堵漏技术在我国发展时间尚短，由于居高不下的渗漏率导致案例多，基数高。在这种情况下，可供我们选用的材料和技术手段却并不太多。参与防水堵漏修缮的从业人员自身技术更是参差不齐，对结构的了解，渗漏的病灶所在，如何对症下药，对疑难杂症的现场应变能力等，都还存在很大的差距。《建筑工程防水堵漏创新技术》一书补齐了很多技术方面短板，是初学者和行业从业人员必备之“堵漏秘籍”。

堵漏修缮很多时候都是在“抢修抢险”，因为渗漏不仅仅直接影响建筑结构安全，还导致诸多次生灾害的发生。首先要保证和保障建筑物的正常使用功能，地铁、隧道、管廊等正常的运营；商场商超等经营场所的正常经营；企事业单位、机关、学校、民用住宅等正常的生产生活等。因此，在施工过程中首先要体现一个“快”字，然后通过我们防水堵漏工作人员规范的专业操作和技术创新，既提速又增效，从而实现防水堵漏工程又快又好。

技术创新在防水堵漏的产品生产和施工工艺的提高过程中起着举足轻重的作用。一方面技术创新可以提高物质生产要素的利用率，减少投入；另一方面又通过引进或研发先进设备和工艺，降低时间成本和人工成本。技术创新还可以促进企业管理效率的提高，从而使企业不断适应新经济、新业态发展的要求。管理上的创新在提高企业经济效益的同时，又降低了交易成本，更好地开拓市场，从而形成企业独特的竞争力和品牌优势。

早在改革开放之初，总设计师邓小平作出“科学技术是第一生产力”的重要论断。进入新时代，习近平总书记提出“创新是引领发展的第一动力”的重要思想，为各行各业高质量发展指明了方向。那么对于一个生产过程需要短期内完成的一个特殊工种行业，技术创新和科技创新尤为重要，是必由之路。我们知道生产力主要有三个要素，那就是：劳动者、劳动工具和劳动对象。防水堵漏的创新也须从这三方面入手。这本书从书名到每个章节的内容都体现和诠释了“创新”的内涵与精髓。譬如书中提到“防水堵漏，优质高效，经久耐用是实现双碳目标的有效途径”，在防水丛书中也是第一次把“双碳”政策提出来，应该说是切中肯綮，紧扣时代亮点，提出了防水人对绿色可持续发展的业界解决方案。行业内也有这种共识：建筑耐久就是对“双碳”政策的最大贡献。而以技术创新实现防水堵漏工作不断升级成熟，则是实现行业更高价值的一项重要的抓手。

盼行业同仁乘风破浪，为我国防水保温防腐奉献新智慧，作出新贡献。

宫安

2022 年 3 月 28 日于长春